Christiane Maute

Homöopathie für Rosen

Christiane Maute

Homöopathie für Rosen

Ein praktischer Leitfaden für die wichtigsten Erkrankungen und Schädlinge

Mit Rosenporträts, Hinweisen zur Dosierung und vielen Tipps rund um die Rose

Narayana Verlag

1. Rosen

2. Anlegen eines Rosengartens und Rosenpflege

3. Rosenporträts

4. Rosen homöopathisch behandeln

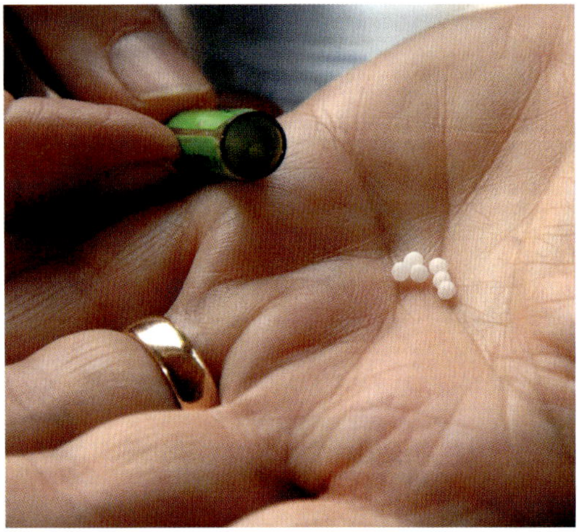

6. Materia Medica Arzneimittelbeschreibung

7. Anhang

Vorwort

Mein erstes Buch *Homöopathie für Pflanzen* ist sehr gut aufgenommen worden, worüber ich mich außerordentlich freue. Daran ist zu erkennen, dass die Menschen lernen möchten, behutsam mit der Natur und unserer Schöpfung umzugehen. Diesem Verständnis folgt auch das vorliegende Rosenbuch. Der Umweltgedanke ist in unserer Zeit präsenter denn je: Vielen Menschen gefällt es seit Langem nicht mehr, dass sie ihre Rosen im Hausgarten mit chemischen Pflanzenschutzmitteln behandeln müssen.

Die Rosen in unserem Garten sind Rosen – na ja – nichts Außergewöhnliches oder sehr Spezielles. Ich behandle sie seit Jahren homöopathisch und staune, wie z.T. »überalterte« oder pilzanfällige Sorten zu neuem und gesünderem Leben erweckt werden. Angespornt durch die überaus positive Resonanz auf das erste »homöopathische Pflanzenbuch« begann ich mich, in das Rosenthema einzuarbeiten und in die Welt der Rosen einzutauchen: Seither kann ich mich dieser Pracht und vielfältigen Schönheit nicht verschließen – Rosen sind so faszinierend. Ich hoffe, Ihnen geht es bald genau so.

Die ersten drei Buchkapitel sind allgemein gehalten. Sie widmen sich den Rosenauswahlkriterien, dem Anlegen eines Rosengartens, der Pflege sowie den Rosenporträts. Sicher gibt es dafür ausführlichere Enzyklopädien. Ich habe mich aber bewusst für eine Kurzform entschieden, um Ihnen sowohl kompaktes Allgemeinwissen als auch die Homöopathie für Rosen in einem Buch zur Verfügung zu stellen.

Eine Bitte habe ich an Sie alle, liebe Leserinnen und Leser: Einige der Anwendungen sind in der Probephase. Ich habe die möglichen homöopathischen Hauptmittel aufgeführt, die meiner Meinung nach eine positive Wirkung hervorrufen. Wenn Sie persönlich einen Erfolg oder auch Misserfolg verzeichnen können, geben Sie doch bitte eine Rückmeldung an das Homeoplant-Forum des Narayana Verlags: www.homeoplant.de. Herzlichen Dank für Ihre Mithilfe und Ihre Unterstützung, verantwortungsvoller mit der Natur umzugehen.

Und nun viel Freude beim Planen, Aussuchen, Graben, Einsetzen, Umpflanzen, Häckeln, Gießen und Behandeln. Besonders viel Freude wünsche ich Ihnen dann, wenn Ihre Rosen blühen: beim Anschauen, Riechen und vielleicht sogar Schmecken Ihrer Rosenpracht.

Ihre Christiane Maute

Danke

- Herzlichen Dank sage ich dem Narayana Verlag mit seinen vielen fleißigen Helfern, der mir die Möglichkeit gibt, dieses Rosenbuch zu veröffentlichen und mich darin professionell unterstützt. Dort finde ich immer ein »offenes Ohr«, wenn Probleme auftreten.

- Ein ganz besonderer Dank gilt meinem Mann, der mir täglich so ruhig und gleichmäßig bei fast jeder Arbeit hilft und ganz selten die Geduld verliert. Seinen Ruhestand hatte er sich nicht so unruhig vorgestellt. Unsere gemeinsame Arbeit empfinde ich als großes Geschenk. Seine Unterstützung, sein Interesse an der Homöopathie und seine nicht nachlassende Bereitschaft, knifflige Passagen und Zusammenhänge immer wieder zu diskutieren, helfen mir, meine Erfahrungen zu Papier zu bringen. Er ist es auch, der im Garten den Spaten schwingt und sich zu neuen »Grabungen« hinreißen lässt.

- Ganz herzlich bedanken möchte ich mich auch bei meinen beiden Kindern. Ihre anfängliche Skepsis verwandelte sich in Interesse und Lerneifer. Meine vier Enkelkinder fragen immer wieder nach, wie weit ich denn nun schon geschrieben hätte. Über das kindliche Fragen der übernächsten Generation freue ich mich besonders – es lässt hoffen, dass in Zukunft sensibler mit unserer Mutter Erde umgegangen wird. Auch wenn ich meine Enkel manchmal damit nerve, lasse ich keine Gelegenheit aus, ihnen die Homöopathie näher zu bringen, denn was sie jetzt lernen, vergessen sie nie mehr.

- Bedanken möchte ich mich auch bei meinen Lehrerinnen und Lehrern, die in mir die Liebe zur Klassischen Homöopathie nach Samuel Hahnemann gelegt haben.

- Und zum guten Schluss möchte ich mich sehr bei meinen Freundinnen und Freunden bedanken, die Verständnis dafür haben, wenn ich aus Zeitgründen ein Treffen absagen muss. Die unangekündigt einfach mal vorbeikommen und »Linsen und Spätzle« zum Mittagessen bringen, damit ich ungestört weiterarbeiten kann.

Friedrichshafen, im März 2013
Christiane Maute

„Nun lass' den Sommer gehen
Lass' Sturm und Winde wehen
Bleibt diese Rose mein
Wie könnt' ich traurig sein?"

Joseph Freiherr v. Eichendorff,
(1788 – 1857)

1. Rosen

Abb. 1.1 Rosen sind Sonnenkinder, die gern im Mittelpunkt stehen.

Was wäre denn ein Garten ohne Rosen, die Königin der Blumen? Der Garten bekommt erst durch Rosen sein Gesicht. Der Blühwille einer Rose ist enorm und sie schenkt uns den ganzen Sommer über die reinste Augenweide. Ganz zu schweigen von ihrem Duft, der unsere Nase umschmeichelt und im Gehirn Glückshormone ankurbelt. Eine Duftrose in Terrassen- oder Balkonnähe betört uns, hüllt uns in ihre Duftwolken und macht jede Mahlzeit zu purem Luxus.

1.1 Rosen – Auswahlkriterien

Eine große, zum Teil verwirrende Rosenvielfalt erwartet den/die Gartenliebhaber /in, denn die vielen unterschiedlichen Rosensorten mit ihren Blütenformen, -farben und Düften sind überwältigend. Nachrangig wichtig scheinen zunächst die Blattgröße, Blattform, Farbe und Glanz sowie die Robustheit der Rosenblätter. Deren »untergeordnete« Schönheit fällt erst beim zweiten oder dritten Blick auf. Bei einer guten Rose haben die Züchter dies zur Vervollkommnung gebracht. Die Blätter heben oder besänftigen die Rosenfarbe, erhöhen kleinblütige Exemplare zu wahren Prinzessinnen oder dämpfen leuchtende Rosenfarben auf perfekte Weise. Es ist wie bei einem wunderbaren Musikstück: Die Rosenblüten könnte man mit dem Sopran oder Tenor vergleichen, während die Blätter den Part der weichen Altstimme oder des kräftigen Basses übernehmen, um alles in perfekte Harmonie zu bringen. Damit diese Harmonie sichtbar wird, reicht es nicht aus, Rosen nach der Blütenfarbe und -form auszusuchen. Wenn man die Wuchshöhe, die Wuchsform, die Blütenform und vor allem auch die Gesundheit einer Rose nicht berücksichtigt, ist ein enttäuschendes Ergebnis vorprogrammiert.

Dies möchte ich Ihnen gerne ersparen. Deshalb mache ich Sie mit nur einigen wenigen, besonders widerstandsfähigen und blattgesunden Sorten vertraut. Zudem versuche ich, neben den einzelnen Blütenansichten auch die Gesamtansicht der genannten Rosen zu zeigen, soweit Fotos verfügbar waren. Ich finde es gut, wenn man sich die Rose im Garten in ihrer Gesamtheit vorstellen kann. Die Blütenfarben der einzelnen Sorten habe ich von weiß über rosa, gelb, orange oder apricot bis rot sortiert.

Abb. 1.2 Die Wuchshöhe der Rose bestimmt die Breite zwischen dem Pflanzloch und dem Beetrand.

Wuchshöhen

Sehr wichtig beim Rosenkauf ist die Wuchshöhe (→ Tab. 1.1). Diese kann – je nach Standort und Bodenbeschaffenheit – etwas abweichen von der vom Züchter angegebenen Größe. Natürlich werden Sie die aufrecht-hochwachsende Rose (→ Abb. 1.2) nach hinten ins Beet pflanzen. Als Faustregel gilt: So hoch die Rose, so viel Platz sollte bis zum Weg oder Beetrand sein. D.h., wenn Ihre Rose 1,50 m hoch ist, sollten möglichst noch 1,50 m Platz bis zum Weg sein.

Tab. 1.1 Wuchshöhe der verschiedenen Rosenarten.

Rosenart	Wuchshöhe
Beetrosen	60–120 cm
Edelrosen	70–120 cm
Kleinstrauchrosen, Bodendeckerrosen	30–80 cm
Kletterrosen, Climber, Rambler	150–500 cm
Strauchrosen	80–200 cm
Zwergrosen	30–50 cm

Abb. 1.3 Der Frauenmantel kann Rosen gut begleiten, insofern man ihn nicht wuchern lässt.

Dieser Abstand zum Beetrand muss nicht ungenutzt bleiben. Es ist immer noch Platz für eine kleinere Strauchrose und – falls Ihr Beet breit genug ist – könnten noch Bodendeckerrosen, Zwergrosen oder andere Begleitpflanzen, wie z.B. Ehrenpreis (Veronica spicata), Polsterglockenblume (Campanula), Leimkraut (Silene Maritima) oder Thymian gepflanzt werden. Auch Kapuzinerkresse, die es in verschiedenen Farbvarianten gibt, sieht zauberhaft aus.

Mein Rosen-Tipp

Der Pflanzabstand zur Rose sollte ungefähr 50 cm betragen, um die Wurzeln nicht zu verletzen.

Wenn Sie etwas für die Bodengesundheit tun möchten, säen Sie Gründüngung (Samen im Fachhandel). Gründüngung beschattet und »düngt« den Boden auf natürliche Weise und schafft dadurch ein gesundes Bodenmilieu. Oder pflanzen Sie Tagetes unter die Rosen. Sie geben über den Geruch ihrer Wurzeln Stoffe ab, die gegen Schädlinge (z.B. Wurzelälchen) wirken sollen. Die Studentenblumen werden häufig als »bäuerlich« oder »ländlich« abgetan; ich finde sie vor hellen Rosen einfach wunderschön und sie blühen problemlos sommerlang.

Aussehen der Rose

Nachdem Sie sich über die Wuchshöhe im Klaren sind, können Sie sich jetzt endlich von Ihrem »Bauchgefühl« leiten lassen und *die* Rosensorte für Ihren Garten auswählen, die Ihnen in Farbe, Blütenform, Blattfarbe oder Duft zusagt. Zur Farbe ist zu sagen, dass Gruppen in der gleichen Farbe wunderschön aussehen, die dem Garten – besonders bei hellen, pastelligen Farbtönen – Weite geben und ein echter »Hingucker« sind. Wenn Sie Ihren Garten neu anlegen und mehrere Rosen kaufen, sollten die Farben untereinander harmonieren. Eine weiße Strauch- oder Heckenrose im Hintergrund mit einem sanften Rosa oder Gelb davor vergrößert den Garten optisch und bringt ihren Garten zum Leuchten, sogar in der Dämmerung.

Abb. 1.4 Schmuck aus dem Garten: ein Rosenkranz.

Abb. 1.5 Die öfterblühende Wildrose »Golden Wings« (*Shepherd 1956)* weist flache, *offene, einfach gefüllte Blüten* mit fünf Blütenblättern auf, die um die goldgelben Staubgefäße angeordnet sind.

Blütenfarben

Bei Rosen ist fast das ganze Farbspektrum erhältlich, von Weiß- über Pastell- bis zu kräftigen Gelb-, Orange- und Rottönen. Es gibt sogar »blaue« Rosen wie die »Mainzer Fastnacht«. Für welche Sie sich entscheiden, hängt von Ihrem persönlichen Geschmack ab. Schauen Sie sich die verschiedenen Farbschattierungen der Gartenrosen an und geraten Sie darüber ins Schwärmen.

Blütenformen

Auch die Blütenformen unterscheiden sich deutlich. Wildrosen weisen flache, *offene, meist einfach gefüllte* Blüten mit fünf Blütenblättern auf, die um die Staubgefäße angeordnet sind (→ Abb. 1.5). Schön ist es, wenn die Staubgefäße eine andere Farbe als die Blütenblätter zeigen. Für Honigbienen, Wildbienen und andere Insekten ist die Wildrose ein »Nahrungs-Eldorado«.

Dann gibt es *schalenförmige* Blüten (→ Abb. 1.6), die ebenfalls *einfach oder auch dicht gefüllt* sein können.

Abb. 1.6 Unbekannter Name. Eine Rose, mit wunderschönen, *schalenförmigen, dicht gefüllten* Blüten. Sie wollte den ganzen Sommer nicht blühen. Deshalb wurde sie »Diva« genannt. Nach einer Gabe Ignatia C 30 blühte sie Anfang Dezember 2011.

Sehr reizvoll sehen Rosen mit *unterschiedlich großen, gewirbelten* (→ Abb. 1.7) oder auch *zerzausten* Blütenblättern aus.

Abb. 1.7 Die öfterblühende, *dicht gefüllte* »Augusta Luise« *(Mathias Tantau junior 1999)* mit ihren *unterschiedlich großen, gewirbelten* Blütenblättern und ihrem unvergleichlichen Duft.

Viele Rosen sind *spitzknospig* (→ Abb. 1.8) und sehen dadurch sehr edel aus. Sie sind *halb oder dicht gefüllt*. Meistens haben sie *sehr große Blüten* (→ Abb. 1.9).

Abb. 1.8 Für viele Rosenliebhaber ist die von *Lamberg 1901* gezüchtete und öfterblühende Remontant-Rose »Frau Karl Druschki« die beste reinweiße Rose überhaupt. Anfangs sind ihre *dicht gefüllten* Blüten *spitzknospig* und sehen sehr edel aus.

Abb. 1.9 »Frau Karl Druschki« entwickelt sich zu sehr großen, sternförmigen Blüten.

Andere besitzen *große, krugförmige* oder *kegelförmige* Blüten (→ Abb. 1.10), die sowohl *halb als auch dicht gefüllt* sein können. Ihre Blüte behält lange diese perfekte Form. Hier handelt es sich meistens um *Edelrosen*.

Abb. 1.10 Die mittelgroßen, krug- oder kegelförmigen Blüten der Edelrose »Fairest Cape« *(Kordes 2005)* sind gefüllt.

Es gibt Rosen mit *rundlich gefüllten* Blütenblättern (→ Abb. 1.11), die *schalenförmig* aussehen. Die einzelnen Blütenblätter sind gleich groß und überlappend angeordnet.

Abb. 1.11 Unermüdlich blühend ist die »Kurfürstin Sophie« *(Meilland 2010)*. Sie sieht mit ihren *rundlichen, gefüllten* Blüten bezaubernd aus. Die einzelnen Blütenblätter sind gleich groß und überlappend angeordnet, sodass eine *schalenförmige*, nostalgische Blüte zu bewundern ist.

Des Weiteren findet man *rosettenförmige, flache, gefüllte* (→ Abb. 1.12) oder *dicht gefülte* Rosenblüten. Ihre Blütenblätter sind von unterschiedlicher Größe und nur leicht überlappend.

Abb. 1.12 Die Remontant-Rose »Baron Girod de L'Ain« (*Reverchon, 1897)* besticht durch ihre *gefüllten, rosettenförmig* angeordneten Blüten; sie duftet sehr angenehm.

Eine weitere Blütenform sind *vierfach-rosettenförmig* angeordnete Blütenblätter (→ Abb. 1.13). Hier sind die Kronblätter *viergeteilt* angeordnet. Die Blüte ist eher flach, gefüllt oder dicht gefüllt. Die einzelnen Blütenblätter zeigen *unterschiedliche* und *ungleichmäßige* Größen.

Abb. 1.13 Eine Strauchrose mit rosettenförmigen, dicht gefüllten Blüten ist die »Jubilée-Celebration« (*Austin 2002)*. Ihre Kronblätter sind viergeteilt angeordnet. Die einzelnen Blütenblätter sind unterschiedlich groß.

Und zum guten Schluss die pomponförmigen Rosen (→ Abb. 1.14). Sie können klein und rundlich sein, mit vielen kleinen Kronblättern, z.T. gefüllt oder auch dicht gefüllt. Einige sind geviertelt. Sie wachsen meistens in Büscheln.

Abb. 1.14 Die leuchtend gelben, pomponförmigen Blüten der Beetrose »Yellow Meilove« *(Meilland 2007)* sind stark gefüllt, mit vielen kleinen Kronblättern.

Und was heißt denn nun eigentlich »einfach, halb gefüllt, gefüllt, dicht oder stark gefüllt«? Auskunft darüber gibt die Tabelle 1.2.

Tab. 1.2 Anzahl der Blütenblätter und spezifische Bezeichnung

Bezeichnung	**Anzahl der Blütenblätter**
Einfach gefüllt	4–5 Blütenblätter
Halb gefüllt	6–15 Blütenblätter
Gefüllt	16–35 Blütenblätter
Dicht oder stark gefüllt	36 und mehr Blütenblätter

1.2 Rosengarten planen

Abb. 1.15 Nehmen Sie sich Zeit für die Auswahl der Rosen.

Sollten Sie genügend Zeit haben, ist es sinnvoll, mehrere Rosengärtnereien, Fachbetriebe oder vielleicht sogar ein Rosarium aufzusuchen. Viele Rosenzüchter geben Kataloge heraus – ein wunderbarer Zeitvertreib an kalten Winterabenden bei einer Tasse dampfenden Tees, gleichgültig, ob Sie sich dann für die kommende Frühjahrs- oder die Herbstpflanzung entscheiden. Schon die Vorfreude bringt Sie in »Rosenstimmung«. Vielleicht schreckt anfangs der Preis für eine gute Rose, doch dieser relativiert sich schnell, wenn man bedenkt, wie häufig und über wie viele Jahre sie blüht. Rosen sind äußerst langlebig bei gutem Standort und richtiger Pflege. Überlegen Sie vor dem Einkauf, für welchen Zweck Sie Ihre Rose benötigen und wann diese blühen soll.

Möchten Sie einen kleinen Rosengarten – vielleicht mit eleganten Edelrosen – anlegen? Soll eine Pergola mit einer Kletterrose oder Duftrose verschönert werden? Möchten Sie gerne eine Rosenhecke wie Dornröschen, die Vögeln Schutz bietet und

Katzen – und vielleicht auch Prinzen – abhält? Oder soll eine Ecke Ihres Gartens mit einer Gruppe Strauchrosen bepflanzt werden? Soll Ihr Gartenweg von Stammrosen gesäumt und von niedrigen Beetrosen begleitet werden? Vielleicht haben Sie sich ja in die »Alten Rosen« oder »Englischen Rosen« verliebt, mit ihrer nostalgischen, romantischen Note, welche übrigens nicht nur Frauen gefällt. Es ist sehr sinnvoll, wenn Sie sich zudem mit den einzelnen Rosengruppen vertraut machen. So sind Sie nach der Pflanzung und in der Blühphase nicht enttäuscht.

Wenn Ihre Zeit knapp bemessen ist, wenden Sie sich an einen guten Fachbetrieb, der Sie ausführlich berät. Wenn Sie auf Nummer sicher gehen wollen, dann kaufen Sie Rosen mit »ADR«-Siegel. Der Name »ADR« steht für »Anerkannte Deutsche Rose« und ist das Ergebnis der »Allgemeinen Deutschen Rosenneuheitenprüfung«. Rosen, die dieser Prüfung unterzogen wurden, prüfte man drei Jahre lang ohne jeglichen Einsatz von chemischen Pflanzenschutzmitteln und Winterschutz auf ihre Robustheit und Widerstandsfähigkeit. Es handelt sich um die härteste Rosenneuheitenprüfung der Welt.

Falls Sie keine ADR-Rose erwerben, dann achten Sie auf eine sehr gute Pilzresistenz und Blattgesundheit.

Abb. 1.16 Ihr intensiver Duft macht Rosen zu einer optimalen Bepflanzung in Sitzplatznähe.

Standortansprüche

Begutachten Sie den Standort, an dem Sie die Rose pflanzen wollen. Ich persönlich finde, dass dies die schwierigste Übung ist.

Mein Rosen-Tipp

Stellen Sie sich an den zukünftigen Rosenstandort zu unterschiedlichen Tageszeiten, schauen Sie und spüren Sie Sonne, Luft und Schatten. Wenn Sie sich dort selbst wohlfühlen, wird es der neuen Rose auch gefallen.

Sonne und Wärme

Rosen sollten hell und licht, jedoch nicht zu heiß stehen, wie etwa vor einer Südwand (→ Abb. 1.17) oder an einem Plattenweg. Sie benötigen nicht den ganzen Tag über Sonne, 2–3 Stunden Halbschatten tut ihnen gut; es gibt auch Sorten, die sich schon mit 4–5 Stunden Sonne zufriedengeben. So vertragen z.B. »Madame Alfred Carrière«, einige Rambler-Sorten sowie die Hundsrosen (Rosa canina) halbschattige Plätze.

Für kleine Gärten sind Hundsrosen nicht empfehlenswert, da sie sehr hoch und ausladend werden können. Als Hecke eignen sie sich sehr gut und sind eine Vogel- und Insektenfreude sowie eine sehr gute Bienenweide. Aufpassen: Wildrosen breiten sich gerne aus.

Außerdem mögen Rosen es luftig, aber nicht zugig. Zu viel Sonne, Luftstau oder Hitze fördert Spinnmilbenbefall, Pilzerkrankungen und Sonnenbrand. Unter Bäumen gedeihen sie nicht gut (außer Climber- oder Ramblerrosen).

Rosen (außer Beetrosen) dürfen nicht zu eng stehen, damit das Laub gut abtrocknen kann; so beugt man Rosenkrankheiten vor. Die jeweiligen Pflanzabstände finden Sie in Ihrem Rosen-

Abb. 1.17 Bei Rosen, die an der Hauswand emporranken, ist darauf zu achten, dass sie unempfindlich gegen Wärmestau sind.

katalog oder auf dem Rosenetikett vermerkt oder der Fachhandel informiert sie beim Kauf darüber. Außerdem vermeiden die meisten Rosen die Wurzelberührung mit anderen Rosen oder Pflanzen. In einigen alten Rosenbüchern empfiehlt man deshalb als Trennung senkrecht eine dünne Metallplatte oder unempfindliches, nicht verrottbares Material zwischen die einzelnen Rosen einzugraben. Das habe ich noch nicht ausprobiert, denke jedoch, dass es gut für die etwas eifersüchtige »Diva« sein könnte. Einen sehr guten Effekt könnten m.E. die neuen »Mykorrhiza-Präparate« (Fachhandel) bringen: Die Rose ist durch die Symbiose mit dem Pilz in der Lage, Nährstoffe und Wasser besser aufzunehmen. Außerdem wird das Wurzelgeflecht der Rose vergrößert; so kann sie tiefer in den Boden eindringen.

Wenn wir an unsere Gärten und das immer kleiner werdende Platzangebot denken, dann besteht vielleicht die Befürchtung, dass Rosen zu viel Platz benötigen. Keine Sorge, die richtige Rose verschönert einen kleineren Reihenhausgarten ebenso wie Mini-Gärten und bereitet auch auf dem Balkon Freude.

Mein Rosen-Tipp

In einen kleinen Garten mit wenig Platzangebot passen folgende Rosensorten:

- Alte Gartenrose: »Souvenir de la Malmaison«, öfterblühend, süß-fruchtiger Duft, wenig Stacheln, regenanfällig. Im Topf gedeiht sie gut, hier kann man sie vor Regen, Wind und Kälte besser schützen. Bitte ausreichend tiefe und große Töpfe bepflanzen.
- »Jacques Cartier« zartrosa, in Büscheln reichblühend, toleriert auch arme Böden, sehr robust und wenig krankheitsanfällig.

Bodenbeschaffenheit

Der optimale Boden für Rosen ist tiefgründig, humos und gut durchlüftet. Ein guter »Rosenboden« fühlt sich zwischen den Fingern krümelig an. Er sollte weder zu nass noch zu trocken und vor allem nicht moorig oder sauer sein (→ Abb. 1.18). Der pH-Wert (Säurewert des Bodens) sollte im neutralen Bereich bei 6,5 – 7,5 liegen. Manche Gartenbauvereine bieten kostenlose Bodenanalysen an. Im Fachhandel gibt es Schnelltests, um den pH-Wert zu ermitteln. Sie können die Bodenprobe auch an diverse Labore (Adressen im Fachmarkt) oder an die Landwirtschaftskammer Nordrhein-Westfalen, (www.landwirtschaftskammer.de/lufa/service/auftragsformulare/boden/auftrag-hausgarten.pdf) senden. Diese ausführlichen Proben sind dann natürlich etwas teurer. »Es ist der Boden, der den Garten zum Garten macht«. Entspricht Ihr Boden nicht den Anforderungen für Rosen, können Sie die Beschaffenheit verbessern.

Abb. 1.18 Der richtige Boden muss durchlässig, nicht verdichtet und mindestens 60 cm tief sein.

Mein Rosen-Tipp

Nach langen Regenperioden verdichtet Lehmboden stark. Sobald der Boden etwas abgetrocknet ist, bitte ganz vorsichtig häckeln oder mit einer zweizinkigen Rosengabel auflockern. So kann die Feuchtigkeit im Boden schneller verdunsten und eine Durchlüftung der Rosenwurzeln ist gewährleistet.

Sandige, leichte Böden

Haben Sie einen sandigen, zu leichten Boden, können Sie diesen mit Kompost, lehmiger Erde sowie guter Gartenerde (Mutterboden) mischen und verbessern.
Sie können auf sandigen, zu leichten Böden auch verschiedene Wildrosen-Sorten, wie z.B. die Rosa-Rugosa-Rosen (Kartoffelrosen) »Rosa Rugosa Foxi« pflanzen. Diese sind frosthart und tolerieren auch ärmere Böden. Außerden sind sie sehr robust.

Lehmige, schwere Böden

In Lehmböden gedeihen Rosen gut, benötigen aber einige Zeit, bis sie eingewurzelt haben. Sie verkümmern jedoch bei stark verdichtetem Lehm mit Staunässe im Wurzelbereich, da sie

Abb. 1.19 und 1.20 Wurzelnackte Rosen können auch im Herbst, Container-Rosen das ganze Jahr hindurch, gepflanzt werden.
Container-Rosen sind bereits angewachsen und gut durchgewurzelt.

Tiefwurzler sind und die Wurzeln dann faulen. Bei schwerem, lehmigem Boden ist es daher unbedingt notwendig, tiefgründig aufzulockern. Zusätzlich sollte in den Pflanzboden Kies oder reichlich grober Sand sowie eine Schaufel vollreifer, gesiebter Kompost eingearbeitet werden. Die Verdichtung lässt sich auch mit Katzenstreu verbessern. Außerdem können lehmige Böden durch Einarbeiten von Rosenerde verbessert werden (Fachhandel). Bei sehr nassen Böden müssen evtl. Drainagerohre zur Wasserableitung eingebaut werden.

Vorbereitung des Bodens

Wenn möglich, graben Sie die zukünftigen Rosenstandorte bereits einige Zeit vor der Pflanzung aus, so kann sich der Boden absetzen und die Veredelungsstelle sinkt später nicht ab. Nehmen Sie das gründliche Graben als sportliche Betätigung an und sehen Sie vor Ihrem geistigen Auge, wie Ihre Armmuskeln schön strukturiert und kräftig werden. Oder stellen Sie sich vor, sie würden nach einem Schatz graben – schon macht es viel mehr Spaß. Vielleicht sucht Ihr Nachbar auch mit?

Merke

Alles hängt an der sehr guten Vorbereitung. Je besser Sie Ihren Boden vorbereiten, desto besser wächst Ihre Rose.

Abb. 1.21 Container-Rosen müssen nach der Pflanzung häufig gegossen werden.

Frühjahrs- oder Herbstpflanzung?

Die Frage nach der Frühjahrs- oder Herbstpflanzung ist gleichbedeutend mit der Frage danach, ob Container-Rosen oder wurzelnackte Rosen gepflanzt werden sollen. Hierzu gibt es verschiedene Meinungen. Viele Rosenliebhaber/innen schwören auf wurzelnackte Rosen, die von Herbst bis Spätherbst, sogar noch in milden Wintern, aber auch im Frühling gepflanzt werden können. Andere wiederum möchten Container-Rosen mit einem kräftig durchwurzelten Wurzelballen, weil hier fast das ganze Jahr hindurch die Pflanzung möglich ist und die Rose im Frühling früher blüht.

Container-Rosen

Container-Rosen werden so genannt, weil sie im Topf = Container gekauft werden können. Sie haben den Vorteil, dass sie fast das ganze Jahr über gepflanzt werden können. Allerdings sind Sie teurer in der Anschaffung, da sie höhere Arbeits-, Lager- und Versandkosten verursachen. Anfangs müssen sie häufiger gegossen werden (→ Abb. 1.21).

Merke
Lösen Sie vor dem Kauf den Wurzelballen aus dem Container und begutachten Sie die Bewurzelung. Der Wurzelballen sollte durchgängig durchwurzelt sein sowie keine faulen Stellen aufweisen.

Wurzelnackte Rosen

Wurzelnackt bedeutet, dass diese Rosen ohne Erde verschickt werden, was sich im Preis positiv niederschlägt: Sie sind billiger. Bei wurzelnackten Rosen sehen Sie im Gegensatz zu den Container-Rosen sofort, ob eine kräftige Bewurzelung vorliegt, da sie ja »nackt« sind (➔ Abb. 1.22). Die A-Qualität weist 3 kräftige Triebe auf, die B-Qualität – 2 Triebe; diese ist immer noch von sehr guter Qualität.

Wurzelnackte Rosen pflanzt man im Spätherbst oder im zeitigen Frühling. Sofern der Boden noch offen und frostfrei ist, ist auch im Winter eine Pflanzung möglich. Die Rose hat ab Spätherbst gute Möglichkeiten, Wurzelwerk zu bilden, ohne zu viel der Hitze ausgesetzt zu sein. Auch im Winter sollte immer wieder der Wurzelbereich gegossen werden, sofern kein Frost herrscht. Bitte so gießen, dass die Rosen angehäufelt bleiben.

Abb. 1.22 Wurzelnackte Rosen werden von Oktober bis Ende April bei frostfreiem Boden gepflanzt.

Rosen in Gemeinschaft mit anderen Pflanzen

Es muss nicht immer Lavendel sein. Lavendel und Rosen: das ist unsere klassische Vorstellung von sehr guten und perfekt aussehenden Nachbarn (→ Abb. 1.23). Dieses Vorurteil wird ja auch auf vielen Gartenfotos genährt. Lavendel und Rosen, das stimmt eben leider nicht ganz, denn Rosen benötigen nährstoffreichen Boden, während Lavendel nährstoffarme Böden bevorzugt. Am ehesten passt er zu Beetrosen, weil sie nicht so anspruchsvoll sind. Lavendel stakst im Rosenbeet oft überlang heraus und stört die Durchlüftung der Rosen. Er wirkt außerdem nicht gegen Blattläuse, wie immer wieder behauptet wird. Denn wenn die Rosen blühen, braucht der Lavendel noch einige Zeit, um seine ätherischen Öle auszubilden. Bis dahin sind die Rosen längst verlaust. Aber etwas Gutes können Sie mit Lavendel für Ihre Rosen tun: Wenn Sie ihn zurückschneiden, mulchen Sie bitte das klein geschnittene Schnittgut unter die Rosen.

Eine weitere »Unsitte« ist es, Frauenmantel unter die Rosen zu pflanzen; es sieht beeindruckend aus, das zarte, filigrane Apfelgrün, das die Rosen umschmeichelt. Frauenmantel entwickelt mit der Zeit ein starkes Wachstum, wird ganz schön gewalttätig in seinen Ausmaßen. Wenn man diese Vor- oder Unterpflanzung will, dann halten Sie den Frauenmantel »klein«, d.h., sofort nach der Blüte die Wurzelstöcke verkleinern.

Abb. 1.23 Nachbarinnen der Rosen sollen gleiche Standortansprüche erfüllen.

2. Anlegen eines Rosengartens und Rosenpflege

Abb. 2.1 Rosen können an vielen Stellen im Garten gepflanzt werden.

2.1 Neuanlage oder Umgestaltung?

Sowohl die Neuanlage als auch die Umgestaltung eines Gartens fordern unsere Kreativität heraus: Wir können ein bisschen »Garten Eden« spielen.

Mein Rosen-Tipp

- Sitzt die Veredelungsstelle zu hoch, geht die Rose im schlimmsten Falle ein. Wenn die Veredelungsstelle zu tief sitzt, hemmt das ebenfalls das Wachstum.
- Legen Sie als Messhilfe einen Stab quer über das Pflanzloch; so können Sie genau sehen, wie tief Ihre Rose ins Pflanzloch gestellt werden muss. Die Veredelungsstelle sollte sich nach dem Pflanzen ca. 5 cm unter der Erdoberfläche befinden. Natürlich wird bei Stammrosen nicht bis zur Veredelungsstelle angehäufelt. (→ Kap. 3.10)

Neuanlage eines Gartens

Wenn Sie gerade gebaut haben und einen neuen Garten anlegen: Bauschutt gefällt Rosen überhaupt nicht. Hier sollten sie großräumig ausheben und die Erde unbedingt vor der Pflanzung tiefgründig lockern. Entfernen Sie akribisch Bauschutt und Wurzeln, und bringen Sie Mutterboden auf. (Falls Sie versäumt haben, Mutterboden vor dem Hausbau abtragen zu lassen, um ihn zu lagern, sollten Sie unbedingt humosen Boden dazukaufen – es zahlt sich aus.)

Überlegen Sie, ob Sie Bäume pflanzen wollen. Zum einen wachsen uns Bäume im Laufe der Jahre häufig über den Kopf. Und zum anderen gedeihen die meisten Rosen unter Bäumen nicht gut. Denn der Baum benötigt seinen Freiraum im Wurzelbereich und die Rose will viel mehr Licht, Sonne, Luft und Nahrung, was ihr der »Baumplatz« einfach nicht bieten kann.

Es gibt einige Ausnahmen: Rosen, die den Standort in der Nähe eines Baumes gut tolerieren, sind Climber, Rambler oder Wildrosen. Falls auf Ihrem Grundstück bereits einer oder mehrere Bäume wachsen, die Sie gerne erhalten wollen, bietet sich eine Bepflanzung mit Climbern oder Ramblern an. Oder wenn Sie einen älteren Baum romantisch umgarnen möchten, nur zu: Achten Sie jedoch darauf, dass der Baum noch ausreichend stabil ist, um das Gewicht einer regennassen Rose zu tragen. Auch Wildrosen sehen unter Bäumen wunderschön aus und wachsen gut, benötigen jedoch Platz.

Abb. 2.2 Mit den richtigen Geräten macht Gartenarbeit Freude, zumal später eine duftende Rosenpracht die Sinne betören wird.

Umgestaltung Ihres bestehenden Gartens

!
Merke
Auf alten Rosenstandorten sollten aufgrund der sogenannten Rosenmüdigkeit für sehr lange Zeit keine neuen Rosen gepflanzt werden. Die Wartezeit bis zu einer Neupflanzung beträgt zwischen 12 und 14 Jahre.

Sie möchten Ihren älteren, gewachsenen Garten umgestalten oder verschönern oder auch die vorhandenen Rosen versetzen? In älteren, gepflegten Gärten findet sich meistens ein guter, humoser Gartenboden, der ideal für Rosen ist.
Wenn Sie in Ihrem bereits bestehenden Garten neue Rosen pflanzen oder vorhandene Rosen versetzen wollen, toleriert weder die neue noch die ältere Rose den »Müll« ihrer Vorgängerin. Man spricht hier von »Rosenmüdigkeit«.
Wenn Sie nicht so lange warten wollen und keinen anderen Platz für Ihre »Neue« haben, sollten Sie mindestens 60 x 60 cm Erde ausheben. Einige Rosenkenner sprechen von 80 x 80 cm Aushub, das finde ich persönlich besser.
Sie verbessern den »alten« Standort mit frischer, humoser Gartenerde sowie mit einer Schaufel gesiebtem, reifem Kompost (guter, reifer Kompost sollte 3 Jahre alt sein). Die Gartenerde für das Auffüllen des neuen Pflanzloches nehmen Sie am Besten aus dem Gemüse- oder einem Blumenbeet, auf dem noch keine Rosen standen. Die »verbrauchte« Rosenerde können Sie problemlos im Gemüsebeet oder in anderen Beeten verwenden. Eine weitere gute Möglichkeit, die Rosenmüdigkeit des Bodens zu beheben, ist das zusätzliche Einarbeiten der neuen Mykorrhiza-Präparate; diese häckeln sie vorsichtig nach dem Einsetzen rings um die neue Rose ein.

Mein Rosen-Tipp

- → **Versetzen von älteren Rosen im Herbst und im Frühling:** Die Wurzeln (unterirdisch) werden bei älteren Rosen auf eine Länge von insgesamt ca. 25 cm schräg eingekürzt; die neue Schnittfläche sollte nach unten zeigen. Die feinen Faserwurzeln nur ganz wenig einkürzen, maximal um 1 cm.
- → **Versetzen im Herbst:** Oberirdische Zweige nur wenig einkürzen (Erfrierungsgefahr).
- → **Versetzen im Frühling:** Oberirdische Triebe auf 3–5 Augen (ca. 10–15 cm) kürzen.

2.2 Rosen pflanzen

Container-Rosen pflanzen

Vor der Pflanzung

Den Container vor der Pflanzung in einen Eimer mit *Calendula-C-30*-Wasser eintauchen, sodass der Wurzelballen gut durchfeuchtet ist (ca. 2–3 Minuten). Lassen Sie die Container-Rose gut abtropfen. Nun entfernen Sie den Plastiktopf und das Etikett, denn es könnte einwachsen, wenn die Rose größer wird. Das Etikett bitte aufbewahren, die Jahreszahl der Pflanzung mit einem wasserfesten Stift darauf notieren. Den Wurzelballen etwas lockern.

Mein Rosen-Tipp

- **Herbstpflanzung:** Schneiden Sie nur abgebrochene oder beschädigte oberirdische Zweige. Container-Rosen schneidet man nicht in laublosem Zustand, denn in sehr kalten Wintern besteht die Gefahr, dass die Rose zu stark zurück friert.
- **Frühjahrspflanzung (März):** Kürzen Sie ebenfalls alle abgebrochenen oder beschädigten oberirdischen Triebe. Die unversehrten, gesunden Triebe schneiden Sie um maximal 1 cm. Geschnitten wird erst später, nach Blattaustrieb und Abhäufeln: Dann wird auf 3–5 Augen zurückgeschnitten.
- **Mai-Container**-Ware schneidet man gar nicht, denn sie sollen ja schon bald blühen.
- Die Container-Rose muß reichlich gegossen werden, wenn sie im Frühsommer gepflanzt wurde. Sobald die Rose 10–15 cm lange, neue Triebe gebildet hat, benötigt sie weniger Wasser. Rosen mögen gerne einmalige kräftige Wassergaben; wenn man täglich gießt, verweichlichen sie.

! Merke

Rosenwurzeln sind empfindlich gegen Bodenverdichtung durch Fußabdrücke. Vermeiden Sie, durch das Rosenbeet zu gehen, die Erde wird dadurch zu stark verdichtet. So hat die Rose keine Durchlüftung des Bodens und wächst nicht gut an; sinnvoll sind Trittplatten oder kleine Wege.

Pflanzung Container-Rosen

- Für das Anwachsen Ihrer Container-Rosen ist es sehr wichtig, dass diese in ein ausreichend großes, mindestens zwei Spaten tiefes und breites (je ca. 50–60 cm), gut **aufgelockertes Pflanzloch** eingesetzt werden.
- Bei **lehmigen Böden** sollte man auf dem Boden des Pflanzloches zusätzlich noch Flusssand und/oder Kies (oder etwas Katzenstreu) einbringen. Darauf kommt gute Gartenerde, mit wenig reifem Kompost gemischt. Sehr wichtig ist, dass auch der Boden des Pflanzloches gut aufgerissen wird, sodass sich keine Staunässe bilden kann.
- Nun stellen Sie den **Wurzelballen ins Pflanzloch** – bitte die Höhe der Veredelungsstelle berücksichtigen; die Veredelungsstelle sollte nach der Pflanzung 5 cm unter der Erde sein. Bei Container-Rosen gilt: lieber etwas zu tief als zu hoch pflanzen.
- Dann **füllen** Sie ca. 1/3 des Pflanzlochs mit guter **Gartenerde** auf, die mit einer Schaufel voll reifen, gesiebten Komposts vermischt wurde.
- Gießen Sie die Rose mit etwas *Calendula-C-30*-Wasser an. So dringt das Wasser gut bis zu den Wurzeln vor und eine Verschlämmung wird verhindert.
- Anschließend füllen Sie mit guter **Gartenerde** vollständig auf. Zart und gefühlvoll antreten und mit dem restlichen *Calendula-C-30*-Wasser gießen. Ein kleiner Erdwall um die neue Rose verhindert das Abfließen des Gießwassers. Falls der Boden rings um die Rose durch das Wässern zu stark verschlämmt sein sollte, unbedingt nach dem Abtrocknen durch vorsichtiges Häckeln oder mit der Rosengrabgabel (zweizinkig) durchlüften.
- Jetzt **häufeln** Sie mit Erde **an**, gleichgültig, ob Sie im Frühjahr oder Herbst pflanzen. Es sollten nur noch 3–5 cm lange Triebspitzen herausschauen (außer: Stammrosen). Das verhindert ein Austrocknen. Im Herbst decken Sie zusätzlich mit Reisig ab. Im Frühling wird erst abgehäufelt, wenn die Rose belaubte Neuaustriebe von etwa 10 cm Länge hat.

Wurzelnackte Rosen pflanzen

Vor der Pflanzung

Stellen Sie die Rosen mindestens 12 Stunden vor der Pflanzung in einen vollen Wassereimer mit *Calendula-C-30*-Wasser an einen frostfreien Platz. Das Etikett entfernen und aufbewahren; die Jahreszahl der Pflanzung mit einem wasserfesten Stift darauf notieren.

- Bei der **Frühjahrspflanzung** werden die laubfreien, **oberirdischen** Zweige auf ca. 20–25 cm eingekürzt. **Dies gilt auch für Stammrosen.** Erst später, nach Blattaustrieb, wird auf 3–5 Augen zurückgeschnitten.
- **Frühjahrs- und Herbstpflanzung:** Die kräftigen, **unterirdischen** Hauptwurzeln werden mit einer sauberen, scharfen Schere auf ca. 25 cm schräg eingekürzt, dabei muss die neue Schnittfläche nach unten zeigen (→ Abb. 2.3). Die dünneren Fein- oder Faserwurzeln nur leicht (maximal 1 cm) einkürzen; sie werden benötigt, um später kräftige Rosenwurzeln auszubilden.
- Bei der **Herbstpflanzung** werden nur abgebrochene oder ausgefranste **oberirdische** Triebe sauber beschnitten. Bei stärkerem Schnitt besteht die Gefahr, dass die Rose in strengen Wintern zu stark zurückfriert. Der eigentliche Schnitt sollte erst im Frühling, nach Blattaustrieb, stattfinden; dann erst werden kräftige **oberirdische** Triebe auf 5 Augen eingekürzt, die schwächeren auf 3 oder 2 Augen. So erreicht man bereits im ersten Jahr kräftigen Austrieb und Blütenfülle.

Abb. 2.3 Kürzen Sie die unterirdischen Hauptwurzeln auf eine Länge von ca. 25 cm schräg ein.

Mein Homöopathie-Tipp

Dosierung für *Calendula-C-30*-Wasser: 4–6 Globuli auf 10 l Wasser.

Abb. 2.4 Zur Lockerung des Bodens kann eine kleine Grabegabel, viel besser noch: eine zweizinkige Rosengabel - verwendet werden.

Pflanzung wurzelnackte Rosen

- Bei Neupflanzungen sollte das **ausgehobene Rosenbeet** mindestens zwei Spatenhöhen tiefer und breiter sein als die Rosenwurzel (ca. 50–60 cm).
- Den Untergrund gründlich auflockern (➔ Abb. 2.4), sodass keine »verbackenen« Stellen vorhanden sind, denn Rosen wurzeln gerne tief und locker. Bei **lehmigen Böden** empfiehlt es sich, in den Untergrund des Pflanzloches etwas Flusssand und/oder Kies einzubringen, damit Wasser abfließen kann und kein Staunässe entsteht. Darauf kommt etwas reifer Kompost, mit Gartenerde vermischt.
- Stellen Sie Ihre Rose nun locker in das **Pflanzloch,** ohne die Wurzeln einzuzwängen oder zu knicken.
- Die **Veredelungsstelle** sollte 5 cm unter der Erdoberfläche sein. Danach gute Gartenerde bis zu 2/3 einfüllen, sodass die Rose steht. Mit *Calendula-C-30*-Wasser angießen. So dringt das Wasser bis zu den Wurzeln vor und beugt einer Verschlämmung vor. Anschließend vollständig mit Erde auffüllen, gemischt mit einer Schaufel vollreifem, gesiebten Kompost. Vorsichtig antreten. Sie gießen nun mit dem restlichen *Calendula-C-30*-Wasser an. Ein kleiner Erdwall um die neue Rose verhindert das Abfließen,
- Mit gutem Boden **anhäufeln,** gleichgültig, ob Sie im Herbst oder im Frühling pflanzen. Es sollten nur noch 3–5 cm lange Triebspitzen herausschauen. Das Anhäufeln verhindert Frostschäden und Austrocknung.
- Im Frühling wird vorsichtig **abgehäufelt,** sobald die Neutriebe belaubt sind und eine Länge von ca. 10 cm entwickelt haben. Das ist je nach Witterung frühestens 4–6 Wochen nach der Pflanzung der Fall.

Mein Rosen-Tipp

→ Bei der **Herbstpflanzung** wird mit Gartenerde so angehäufelt, dass maximal 3–5 cm der Rosentriebe aus dem Erdhügel herausschauen. Sie können zusätzlich mit Reisig abdecken. So wird Austrocknung vermieden und hindert Amseln daran, die angehäufelte Erde wegzuscharren.

→ Bei der **Frühjahrspflanzung** wird ebenfalls angehäufelt, jedoch benötigen Sie hier kein Reisig.

→ Abgehäufelt wird im Frühling erst, wenn die Rosen belaubte Neuaustriebe von ca. 10 cm haben.

Anhäufeln

Sobald Ihre Rosen gesetzt sind, sollten Sie unbedingt anhäufeln, und zwar sowohl bei der Frühjahrs- als auch bei der Herbstpflanzung (Austrocknungsgefahr). Dafür nehmen Sie ein paar Schaufeln voll Gartenerde und geben diese Mischung locker über den Wurzelbereich der Rose (➔ Abb. 2.5). Es sollte eine kleine »Erdpyramide« über der Rose entstehen. Die Triebe schauen noch ca. 3–5 cm aus diesem kleinen Erdhügel heraus. Bei Solitärpflanzen können Sie auch die umgebende Erde über den Wurzelbereich der Rose ziehen, allerdings können dabei Wurzeln verletzt werden. Bei Beet- oder Gruppenpflanzung ist dieses Vorgehen schwierig und Sie häufeln sicherheitshalber mit Gartenerde an.

Abb. 2.5 Zum Anhäufeln benötigen Sie einige Schaufeln Gartenerde, die Sie über den Wurzelbereich der Pflanze geben.

Im Winter befestigen Sie diesen Erdwall zusätzlich mit etwas Reisig. Amseln lieben es, in der lockeren Erde nach Essbarem zu scharren und entfernen sehr gerne diesen Schutzwall.

- Anhäufeln bei **Herbstneupflanzung:** Sobald die Nächte im Herbst frostig werden, häufeln Sie an.
- Anhäufeln bei **Frühjahrsneupflanzung:** Sofort nach dem Einsetzen.
- Anhäufeln **älterer Rosen:** Auch Ihre älteren Gartenrosen sollten im Herbst geschützt werden. Es genügt ein kleiner

Erdwall über dem Wurzelbereich, der mit Reisig befestigt wird. Im Herbst werden Rosen kaum geschnitten; hier muss die Anhäufelung nicht so hoch sein wie bei Neupflanzungen. Nicht zu früh anhäufeln, sonst riskieren Sie Pilzkrankheiten durch das feuchte Milieu. Rosen vertragen ein paar Minus-Temperaturen gut.

Abhäufeln

Sobald Ihre Rose im Frühling ca. 10 cm frische belaubte Triebe ausgetrieben hat, können Sie abhäufeln. Bitte vorsichtig den Erdwall im Wurzelbereich entfernen, damit keine Verletzungen an der Rinde entstehen. Beachten Sie, dass die Veredelungsstelle weder zu tief noch zu hoch sitzt.

2.3 Rosenpflege

Hacken, Graben, Boden belüften

Rosenwurzeln sind sehr lufthungrig. Besonders verkrusteter, verschlämmter Boden lässt keinen ausreichenden Luftaustausch zu. Deshalb ist es wichtig, den Wurzelbereich der Rose vorsichtig zu bearbeiten, d.h. flach zu häckeln. Günstiger für die Bodenbearbeitung von Rosen und besonders wurzelschonend ist eine zweizinkige Rosengrabegabel mit einem Zinkenabstand von 4 cm. Damit klappt die Belüftung hervorragend.

Gießen

Rosen benötigen eine ganze Menge Wasser, vertragen jedoch keinen Dauerregen oder Staunässe im Wurzelbereich. Rosen brauchen im ersten Jahr nach der Pflanzung häufigere Wassergaben. Ab dem zweiten Jahr reichen ein- bis zweimalige Wassergaben pro Woche, in Trockenperioden natürlich mehr. Gießen Sie den Wurzelbereich mit bis zu 20 l Wasser pro Rose, wenn Sie sehen, dass die Blätter Trockenanzeichen aufweisen. Es hat wenig Zweck, täglich kleine Wassermengen zu geben, das verweichlicht die Rose zu sehr. Beim Gießen ist stets darauf zu achten, dass die Blätter nicht benetzt werden. Denn häufig benetzte Blätter werden leichter von Sternrußtau und anderen Blattkrankheiten befallen (Ausnahme: Gießen von homöopathischen Arzneipräparaten, → Abb. 2.6).

Abb. 2.6 Beim Gießen homöopathischer Arzneipräparate dürfen (und sollen) die Blätter und Blüten benetzt werden.

Düngen

Es gibt Fachleute, die meinen, man müsse häufig mit mineralischem Dünger (Blaukorn, s.u.) düngen. Andere meinen, dass Pferdemist ideal sei, während die Dritten behaupten, dass Pferdemist die Wurzeln schädige. Rosenerde sollte jedoch ganz neutral sein (→ Kap. 1.2). Um zu erfahren, ob der Boden zu sauer oder zu alkalisch ist, reicht ein Testset aus dem Gartencenter. Wenn Sie ganz genau wissen wollen, wie Ihre Bodenzusammensetzung ist, bieten die regionalen Gartenbauvereine teilweise sogar kostenlos eine Analyse an. Auch an diverse Labore (Adressen im Fachmarkt) oder an die Landwirtschaftskammer Nordrhein-Westfalen (→ www.landwirtschaftskammer.de/lufa/service/auftragsformulare/boden/auftrag-hausgarten.pdf) können Sie die Bodenprobe senden. Diese ausführlichen Proben sind natürlich etwas teurer.

Düngen mit organischem Dünger

Zu häufiges Düngen mit Stallmist oder Hornspänen verursacht einen Stickstoffüberschuss. Dadurch werden Pflanzen »überernährt«, die Zellen aufgeschwemmt und dies wiederum begünstigt die Entwicklung von Krankheiten. Davon ausgehend, dass

Abb. 2.7 Das Einarbeiten von Kompost ist eine gute Starthilfe für Rosen.

Blaukorn absolut nicht mehr zeitgemäß ist und unsere Gärten sowieso häufig mit Phosphor überdüngt sind, ist als »Starter« ein 3 Jahre alter, guter, reifer und gesiebter Kompost ausreichend. Beim Pflanzen kommen bereits eine Schaufel Kompost und zusätzlich gute Gartenerde ins Pflanzloch. Falls Sie keinen Kompost besitzen, können (→ Abb. 2.7). Sie diesen beim Gärtner oder einem Wertstoffhof erwerben. Es ist auch möglich, Ihre Gartenerde mit Rosenerde (Fachhandel) zu mischen.

Wenn Sie zusätzlich düngen wollen, ist es sinnvoll, dies nach der ersten Blüte zu tun. Da Sie bereits bei der Pflanzung mit reifem Kompost (oder Rosenerde) gearbeitet haben, reicht es für eine Rosensaison völlig aus, wenn Sie nochmals eine knappe Schaufel voll Kompost um die Rose herum einarbeiten. Anstelle einer Kompostgabe können Sie auch mit Pflanzenjauchen düngen (z.B. Brennnessel- oder Beinwelljauche und – falls Sie nicht homöopathisch düngen – auch mit Schachtelhalmabsud). Bitte beenden Sie spätestens Ende Juli die Düngung.

Mein Rosen-Tipp

»Kompost ist das Gold des Gärtners«. Falls Sie selbst noch keinen gut gepflegten Gartenkompost besitzen, können Sie diesen beim Gärtner oder im Wertstoffhof erwerben.

Düngen mit Homöopathie

Wenn Sie homöopathisch behandeln möchten, können Sie bei älteren Rosen nach dem Blattaustrieb im März-April und bei Neupflanzungen nach der ersten Blüte mit *Silicea C 200* zum gesunden Rosenwachstum beitragen. Die letzte Düngegabe sollte im Juli erfolgen. *Silicea C 200* ist kieselsäurehaltig, deshalb sollten Sie nicht gleichzeitig Schachtelhalmabsud gießen, sonst ist es zu viel des Guten. *Silicea C 200* dient nicht nur der Ernährung und Stärkung der Rose, sondern wendet Pflanzenkrankheiten und Schädlinge ab. Starke Rosen sind weniger anfällig.

Mein Homöopathie-Tipp

Eine bis drei Düngegaben (→ Abb. 2.8) mit *Silicea C 200* (oder Pflanzenjauchen/Pflanzenabsud) im Abstand von vier Wochen pro Saison reichen für jede Düngemaßnahme, für die Sie sich entscheiden, aus.

»Kränkelnde« Rosen

Falls Sie bemerken, dass Ihre Rose trotz umfassender Maßnahmen nicht richtig wachsen will und vor sich hinkränkelt, müssen Sie im schlimmsten Fall noch einmal versetzen; das vertragen auch ältere Rosen überraschend gut. Versetzen Sie dann zwischen Oktober und März, wenn die Rosen in der Ruhe sind. Manches Mal entdeckt man, dass der Rose nichts gefehlt hat, sondern dass sich darunter eine Wühlmaus wohlfühlt. Sie hat die leckeren, frischen Wurzeln angenagt, denn Wühlmäuse lieben Rosenwurzeln – so kann leider keine Rose gedeihen. Wühlmäuse sind ein »schwieriges Kapitel für sich« (zu dem Mittel *Wühlmaus D 6* → Kap. 5).

Abb. 2.8 Die zubereitete Arzneimischung geben Sie in das Gießwasser und begießen damit Ihre »kränkelnden« Rosen.

Rosenschnitt

Schneiden Sie die verblühten Blüten jede Woche. Knipsen Sie diese nicht einfach am Blütenhals ab, sonst entstehen staksige, unschöne, braune Stielenden und die Rose treibt viel schwächer aus. Sie wird unnatürlich hoch und verkahlt oft vom Boden her.

Schneiden Sie 5 mm schräg über einem Auge, nicht tiefer und nicht höher. Die Schrägung sollte vom Auge wegweisen, damit Regenwasser im Auge nicht zu Fäulnis führt. Ab der nächsten Blüte wird nur noch vor dem zweiten Blatt geschnitten. So bilden sich sehr schnell wieder neue Blüten.

Abb. 2.9 und 2.10 Rosen werden nach der ersten Blüte direkt über dem Auge geschnitten, damit sie weitere prachtvolle Blüten entwickeln.

Bei Edelrosen schneidet man nach der ersten Blüte vor dem dritten ausgebildeten Blatt – und zwar direkt über einem Auge (→ Abb. 2.9). Die Augen sitzen häufig in der Blattachsel verdeckt. Bei Polyantha- oder Floribundarosen schneidet man die Dolde über dem ersten Blatt, das sich unter der Dolde befindet, ebenfalls ca. 5 mm über einem Auge (→ Abb. 2.9). Weitere Schnitttechniken sind der Fachliteratur (→ Literaturverzeichnis) zu entnehmen.

→
Christiane und Dieter Maute
in ihrem Garten
in Friedrichshafen.

3. Rosenporträts

Abb. 3.1 und Abb. 3.2 Die Alba-Rose versprüht pure Poesie. Die edle Sorte ist trotzdem winterhart und eine Augenweide für jeden Rosenliebhaber.

»Alte Rosen« sind Rosen, die zu einer Gruppe gehören, die es bereits vor der Einführung der ersten Teehybriden (1867) gab. Zu diesen Sorten gehören die einmalblühenden, weißen oder pastellfarbigen Alba-Rosen (→ Abb. 3.1), die öfterblühenden Portland-Rosen sowie die einmalblühenden Damaszener-Rosen mit ihrem unverwechselbaren Duft.

Pure Poesie bieten diese Rosen. Es handelt sich hier um Parfumrosen mit betörendem Duft, z.T. nur einmalblühend, jedoch absolut winterhart mit wunderschönen Blütenformen, wie z.B. Rosettenblüten (→ Abb. 3.2). Sie sind sowohl als Strauch- als auch als Kletterrose erhältlich, buschig oder in Blütenbüscheln und überhängend wachsend. Es handelt sich um äußerst anspruchslose und robuste Rosen. Das zeigen v.a. die »Alba-Rosen«.

3.1 Alba-Rosen

Alba-Rosen – das sagt schon ihr Name – sind weiß bis zartrosa in verschiedenen Schattierungen. Sie sind einmalblühend. Dafür erfreuen sie uns mit ihrem reichen Blütenflor mindestens drei Wochen und länger; ihr Duft weht intensiv und sehr angenehm durch den Garten. Es handelt sich um große Rosensträucher mit grau-grünem Laub, das hervorragend das Weiß-Rosé der Blüten unterstreicht. Die Blüten sind mittelgroß, dicht gefüllt – wirkliche »Grazien«. Diese Rosen sind sehr robust, wenig krankheitsanfällig und überstehen Blattkrankheiten meist ohne Behandlung gut. Sie haben kräftige oder auch spitze Stacheln. Manche von ihnen vertragen sogar Halbschatten oder etwas ärmere Böden. Fast alle Alba-Rosen (→ Abb. 3.2) sind winterhart und pflegeleicht.

Abb. 3.3 »Alba Suaveolens« wächst als sehr robuster, großer Strauch und ist im Frühsommer mit locker gefüllten Blüten bedeckt, die einen starken, süßen Duft verströmen.

»Alba Suaveolens«

Züchter: in Kultur vor 1750
Wuchshöhe: 200–300 cm
Wuchs: Bogig überhängend in Blütenbüscheln
Blütezeit: Einmalblühend, Juni bis Juli

Aussehen: Sahniges Weiß mit leuchtend gelben Staubgefäßen. Einmalblühend im Juni/Juli. Überreiche Blütenfülle. Blütengröße ca. 8 cm, halb gefüllte Blüten (6–15 Blütenblätter), bogig überhängend in mittelgroßen Blütenbüscheln (→ Abb. 3.3). Starke Zweige mit spitzen Stacheln. Grau-grünes Alba-Laub.
Besonderheiten: Unvergleichlich lieblicher, starker Rosenduft, der Name sagt schon etwas darüber aus, nämlich »lieblichduftend«. Gesund und robust, auch gegen Mehltau. Rosenrost kann jedoch vorkommen.
Gestaltung: Wächst auch in kühleren Lagen und ist sehr frosthart. Kaum Pflegeaufwand, sie muss nicht geschnitten werden. Gut als Hecke geeignet.

Abb. 3.4 »Madame Plantier« hat eine reiche und langandauernde, einmalige Blüte. Die rosettenförmigen Blüten sitzen dicht an dicht an den biegsamen, stachellosen Trieben.

»Madame Plantier«

Züchter: Plantier 1835
Wuchshöhe: 200–300 cm
Wuchs: Starkwüchsig, überhängend
Blütezeit: Einmalblühend, Sommerblühend im Mai bis Juni

Aussehen: Rahmweiß, mit cremefarbener Mitte, später reinweiß. Die Knospen sind zart rosa umhüllt. Einmalblühend, aber lange. Blüten ca. 7 cm groß, stark gefüllte, rosettenförmige Blüten (mindestens 36 Blütenblätter, → Abb. 3.4). Reichblühend, in Büscheln. Gesundes, kleines Laub. Wenig Stacheln.
Besonderheiten: Süßer, sehr angenehmer Duft. Sie ist für raue Lagen geeignet und toleriert auch Halbschatten. Robust und widerstandsfähig gegen Frost.
Gestaltung: Kann sowohl als kräftige Strauchrose, Heckenrose oder Kletterrose den Garten verschönern. Als Kletterrose benötigt sie eine Stütze.

Abb. 3.5 Als Alba-Rose gehört »Felicité Parmentier« dem alten Adel der Rosen an. Doch sie schlägt ein klein wenig aus der Art, weil sie etwas kompakter wächst als ihre Schwestern. Die Blüten mit Dutzenden zart muschelrosa Blütenblättern sind sehr dicht gefüllt.

»Felicité Parmentier«

Züchter: Unbekannt, vor 1834
Wuchshöhe: 100–120 cm
Wuchs: Aufrecht, buschig überhängend
Blütezeit: Einmalblühend, Juni bis Juli

Aussehen: Zartrosé bis perlweiß, rosettenförmig (→ Abb. 3.5). Einmalblühend mit einer Blühdauer zwischen 3–6 Wochen. Ungefähr 7 cm große, geviertelte, dicht gefüllte Rosettenblüten (36 Blütenblätter und mehr). Aufrechter Wuchs, buschige, überhängende Blütenbüschel.
Besonderheiten: Für Alba-Rosen ungewöhnlich grünes Blattwerk, stachelige Stiele. Ein unvergleichlicher, intensiv-süßer Duft. Gesunde, robuste Rose mit ordentlicher Frosthärte. Sie wächst sogar im Halbschatten, benötigt täglich 4–5 Stunden Sonne, sehr anspruchslos, d.h. auch ärmere Böden genügen.
Gestaltung: Sie eignet sich gut als Gruppenbepflanzung, für Hecken oder als Einzelpflanze im kleineren Garten. Schöne, gut duftende Vasenrose.

»Königin von Dänemark«

Züchter: Booth 1816
Wuchshöhe: 150 cm
Wuchs: Starkwüchsig, aufrecht, breitbuschig
Blütezeit: Einmalblühend, Juni bis Juli

Aussehen: Zartes, weiches, silbrig-glänzendes Rosa mit intensiv-rosa-farbener Mitte (➔ Abb. 3.6). Einmalblühend. Sie blüht ca. 4 Wochen (Juni/Juli). Dicht gefüllte Blüten (36 und mehr Blütenblätter) von ca. 6 cm Durchmesser, rosettenförmig geviertelt mit einem Knopfauge in der Mitte. Starkwüchsig, mit aufrechtem, breitbuschigem Wuchs. Leicht überhängende Blütenbüschel. Typisch grau-grünes Alba-Laub mit vielen feinen Stacheln.

Besonderheiten: Sehr intensiver, angenehmer Duft. Pflanzung im Halbschatten möglich, mindestens 4–5 Stunden Sonne sind notwendig. Ein heißer Standort ist ungeeignet. Robuste, winterharte Rose. Leider ist sie gegen Rosenrost anfällig.

Gestaltung: Sie kann einzeln stehen, aber auch als Gruppenpflanzung oder als Hecke eignet sie sich gut. Da sie sehr gut duftet, ist ein Standort in Sitzplatznähe empfehlenswert.

Abb. 3.6 Die »Königin von Dänemark« gilt als eine der schönsten alten Rosen. Die tief rosafarbenen, nach außen aufhellenden Blütenblätter sind von herausragendem, fruchtig-lieblichem Duft.

Abb. 3.7 Damaszener-Rosen entstanden in Kleinasien, ihr Duft wurde in zahlreichen Märchen aus »Tausend und eine Nacht« beschrieben.

3.2 Damaszener-Rosen und Portland-Rosen

Damaszener-Rosen: Die Damaszener-Rosen (→ Abb. 3.7) blühen meistens nur ein Mal, dafür jedoch reichlich und sehr lange. Sie sind gesund, üppig und trotzen auch starker Kälte. Ihr Duft ist es, was sie zusätzlich auszeichnet. Eine Gartenbank mit orientalischen Kissen unter einer Damaszener-Rose – und sie fühlen sich in »Tausend und eine Nacht« versetzt.

Portland-Rosen: Die Sorten der »Alten Rosen«, zu der die Portland-Rosen gehören, blühen meistens nur ein Mal. Die meisten Portland-Rosen machen jedoch eine Ausnahme. Sie pausieren nach der ersten Blüte im Frühsommer, um dann nochmals kräftig auszutreiben. So erfreuen sie uns im Hochsommer und manchmal sogar im späteren Herbst ein drittes Mal, wenn es einen guten Herbst gibt. Sie weisen eine sanfte Farbpalette von großer Brillanz auf, die bis zu einem dunklen Purpur geht. Ihr Wuchs ist buschig und kompakt und deshalb eignen sie sich gut als niedrige Hecken. Allerdings sind sie z.T. empfindlich gegen Sternrußtau oder Mehltau. Wenn Sie Portlandrosen als Hochstamm kaufen, ist das Infektionsrisiko geringer, da die Blätter nicht durch die Pilzsporen in Bodennähe gefährdet sind. Sie duften außerordentlich gut.

!
Merke

Damaszener-Rosen = einmalblühend, mit unverwechselbarem Duft

Portland-Rosen = öfterblühende Rosen

»Madame Hardy«

Züchter: Hardy 1832
Wuchshöhe: 180 cm
Wuchs: Aufrecht, lange Triebe, später bogig überhängend
Blütezeit: Einmalblühend, Mai bis Juni
Damaszener-Rose

Aussehen: Schneeweiß, mit grünem Auge in der Mitte. Einmalblühend, aber reichlich und lange blühend. Blüte ca. 6 cm groß, stark gefüllt (36 Blütenblätter und mehr) mit geviertelter Rosette (→ Abb. 3.8). Aufrechter Wuchs, später bogig überhängend, in Büscheln blühend. Mattes, zartgrünes Blattwerk mit starken Stacheln an den Stielen. Duftet sehr angenehm und stark nach Zitrone.

Besonderheiten: Sie ist eine widerstandsfähige, gesunde Rose, die Kälte gut übersteht. Sie eignet sich sogar für raue Lagen und Halbschatten.

Gestaltung: Sehr gut in Einzelstellung, aber auch gute Hecken- oder Kletterrose.

Abb. 3.8 »Madame Hardy« gehört mit zu den schönsten weißen Rosen überhaupt. Ihre dicht gefüllten Blüten haben eine geviertelte Rosette und geben mittig ein grünes »Jade«-Auge frei.

»Jacques Cartier«

Züchter: Moreau-Robert 1868
Wuchshöhe: 100–120 cm
Wuchs: Aufrecht-buschig, kompakt
Blütezeit: Öfterblühend, Juni bis Oktober
Synonyme: »Marchesa Bocella« oder »Marquise Bocella«
Portland-Rose

Aussehen: Zartes Rosa, in der Mitte kräftiges Rosa, später aufhellend. Öfterblühend ab Juni bis Oktober und reichblühend. Blüte ca. 8–10 cm im Durchmesser, stark gefüllte Blüten (36 und mehr Blütenblätter, → Abb. 3.9). Alte Rose mit wunderschönen, nostalgisch-geviertelten Blüten, in überhängenden Büscheln blühend. Aufrecht buschiger, kompakter Wuchs. Hellgrünes, ins Blaugrün changierendes Laub, das in wunderschönem Kontrast zur zarten Blütenfarbe steht.

Abb. 3.9 Die öfterblühende »Jacques Cartier« hat rosafarbene, stark gefüllte, geviertelte Blüten mit leicht gewellten Blütenblättern, die einen leichten Duft verströmen.

Besonderheiten: Angenehmer Damaszener-Duft. Gesunde Rose, frosthart, regenfest und hitzeverträglich. Sie ist nicht besonders anspruchsvoll und gedeiht sogar in ärmeren Böden und im Halbschatten bei mindestens 4–5 Stunden Sonne.
Gestaltung: Schöne Solitärrose, aber auch eine wunderschöne Gruppenrose für romantische Pflanzungen oder für eine niedrige Hecke gut geeignet. Eine ideale Rose für kleine Gärten.

Abb. 3.10 Die großen, dicht gefüllten Blüten der »Madame Boll« sind von kühlem, satinartigem Rosa. Große, ballförmige, gevier-telte Blüten verströmen einen wunderbar süßen, intensiven Rosenduft.

»Madame Boll«

Züchter: Boll & Boyau, 1859
Wuchshöhe: ca. 100–120 cm
Wuchs: Aufrecht, kompakt
Blütezeit: Öfterblühend, Juli/Ende August bis September
Synonym: »Compte de Chambord«
Eine der besten Portlandrosen. Auch als Stammrose erhältlich

Aussehen: Kühles Rosa, satinartiger Schimmer mit einem zarten Fliederton. Öfterblühend und bemerkenswert durchblühend. Ballförmige, kugelige, geviertelte Blüte, ungefähr 8 cm Durchmesser, sehr dicht gefüllt (36 und mehr Blütenblätter). Die äußeren Blütenblätter sind zurückgerollt (→ Abb. 3.10). Die Blüten sitzen direkt über dem dichten, mittelgrünen Laub. Kompakter, aufrechter Wuchs, in Büscheln an kurzen Blütenstielen wachsend, die viele kleine Stacheln haben.
Besonderheiten: Mit typischem, süßem, intensivem Rosenduft. Gute Winterhärte und gute Pilzresistenz, allerdings sollte sie einen gut belüfteten Platz erhalten. Guter, nahrhafter Boden ist Grundbedingung. Sie ist etwas regenanfällig, bei Regen verkleben die Blüten leicht.
Gestaltung: Wunderschön als Solitärpflanze in kleinen Gärten, da sie niedrig bleibt. Sehr gut als niedrige Hecke oder auch als Hochstamm geeignet. Passt gut zu anderen niedrigen Portlandrosen wie z.B. »Jacques Cartier« sowie »White Jacques Cartier«. (Die »White Jacques Cartier« ist leider selten erhältlich.) Wunderbar duftende Schnittrose.

»Rose de Resht«

Vermutlich aus Persien stammend
Wuchshöhe: 100 cm.
Auch als Hochstamm erhältlich
Wuchs: Aufrecht, kompakt, buschig
Blütezeit: Öfterblühend, Ende Mai mit weiteren Blütenschüben bis in den Herbst
Damaszener- oder Portlandrose

Hier haben sich die Grenzen verwischt; man weiß nicht genau, ob es sich um eine Damaszener- oder Portlandrose handelt.

Aussehen: Die Farbe wechselt von hellem Kirschrot bis zu Karminrot und Violett. Frühe Blüte, öfterblühend und mit guter Nachblüte. Blüte ca. 5 cm im Durchmesser, mit wunderschöner, dicht gefüllter Pomponblüte (36 und mehr Blütenblätter, → Abb. 3.11). Aufrechter, buschiger Wuchs; die Blüten sitzen direkt über dem Laub. Gesundes, kräftig grünes, derbes Laub, dichte Stacheln.

Besonderheiten: Starker Damaszenerduft. Sie benötigt guten Boden. Robuste, frostharte und regenfeste Rose.

Gestaltung: Schön als Solitärrose in kleinen Gärten, aber auch als Heckenrose. Wunderbar als Hochstammrose im Salbeibeet oder mit blauer Unterpflanzung, z.B. »Ehrenpreis« oder »Jungfer im Grünen«.

Abb. 3.11 »Rose de Resht« ist eine der besten historischen Rosensorten und zugleich eine ideale Anfängerrose, da sie pflegeleicht und robust ist, lange blüht und einen starken Duft hat. Die pomponförmigen, purpurroten Blüten sind dicht gefüllt und erscheinen unermüdlich von Mitte Juni bis in den Herbst.

Abb. 3.12 Beetrosen gibt es in vielfältigen Blüten- und Wuchsformen.

3.3 Beetrosen

Frühere, auch heute noch gebräuchliche Bezeichnungen für Beetrosen (➔ Abb. 3.12) sind Polyantha-Rosen (große, büschelige Blüten) und Floribunda-Rosen (Edelrosen-Charakter).
Bei den Beetrosen handelt es sich um öfterblühende, kleinere, pflegeleichte Rosensträucher von ca. 40–90 cm Höhe, mit starker Blütenfülle, büschelig wachsend, z. T. duftend. Sie werden meistens als Gruppe auf Beeten gepflanzt. Weil sie sich flächendeckend ausbreiten und ununterbrochen blühen, sind sie sehr pflegeleicht. Doch Vorsicht: Vor dem Pflanzen unbedingt alle Unkräuter säuberlich entfernen, denn wenn Beetrosen einmal gepflanzt sind, ist das Unkrautjäten absolut kein Vergnügen.
Beetrosen gibt es in vielfältigen Blüten- und Wuchsformen und Wuchshöhen: Teilweise sehen sie wie Wildrosen mit flachen Kronblättern aus und z.T. weisen ihre Blütenblätter die Merkmale von Edelrosen auf. Es gibt auch Varianten mit nostalgischen, romantischen Blüten in dichten Blütenbüscheln.

Sie können buschig, aber auch überhängend oder kriechend wachsen. Mittlerweile gibt es Züchtungen, deren Blätter sehr widerstandsfähig gegen Blattkrankheiten sind. Hier können Sie als Zwischenpflanzung sehr gut Lavendel wählen, auch Stauden oder Sommerblumen eignen sich sehr gut, da Beetrosen anspruchsloser sind als ihre edleren Verwandten. Auch eine engere Pflanzung stört sie nicht.

3.4 Ausladend wachsende Beetrosen

»Brautzauber«

Züchter: Noack 1999 (ADR-Rose)
Wuchshöhe: 70 cm
Wuchs: Aufrecht, buschig und breitwüchsig
Blütezeit: Öfterblühend, Juni-Juli bis spät in den Herbst

Aussehen: Leuchtend weiß mit gelblicher Mitte, die Knospen sind rosa überhaucht. Dauerblüher. Blüht erst ab Juni-Juli, dafür aber noch spät im Jahr. Kleine, ca. 4 cm große, halb gefüllte Blüten (6–15 Blütenblätter). Sehr anmutige Blütenform (→ Abb. 3.13). Aufrechter Wuchs, aber buschig und breitwüchsig, mit überhängenden Dolden. Dunkelgrünes, glänzendes Laub, lange haftend.

Besonderheiten: Nicht duftend. Sehr robuste, gesunde Rose mit guter Frosthärte, Hitzeverträglichkeit und Regenfestigkeit. Sonniger Standort und humoser Boden sind bevorzugt.

Gestaltung: Als Solitär- und als Gruppenpflanzung in Flächen sehr gut geeignet. Wunderschön in »weißen Gärten«, zusammen mit weißen Stauden, z.B. auch weiße »Jungfer im Grünen«. Auch gelbe Unterpflanzungen sind ideal, da sie die Farbe der gelben Staubgefäße aufgreifen.

Abb. 3.13 Die halb gefüllten Blüten der Rose »Brautzauber« sind leuchtend weiß mit gelben Staubgefäßen. Ihre Knospen schimmern zart rosa über das glänzende Blattgrün und bilden einen geschmackvollen Kontrast.

Abb. 3.14 Die Beetrose »Aspirin« erhielt ihren Namen anlässlich des 100. Geburtstags des gleichnamigen Wirkstoffes. Ihre halb gefüllten, weißen Blüten nehmen bei kühler Witterung einen romantischen Roséton an.

»Aspirin-Rose«

Züchter: Tantau 1997 (ADR-Rose)
Wuchshöhe: 50–60 cm. Auch als Stammrose erhältlich
Wuchs: Aufrecht, buschig-breit
Blütezeit: Öfterblühend, Juni bis Oktober

Aussehen: Ganz zartes Weiß-Rosa, bei kühlerer Witterung ins zarte Rosa wechselnd. Öfterblühend. Sehr blühfreudig mit edel geformten, mittelgroßen, halbgefüllten Blüten (6–15 Blütenblätter) von ca. 5 cm Durchmesser (→ Abb. 3.14). Sie blüht in großen Büscheln. Aufrechter, aber breit-buschiger, überhängender Wuchs. Kleinblättriges, sattgrünes Laub.
Besonderheiten: Kaum wahrnehmbarer Duft. Robuste Rose, sehr widerstandsfähig gegen Pilzkrankheiten, regenfest, hitzebeständig und frosthart. Die Blüten sind selbstreinigend.
Gestaltung: Gut als Solitär-, Kübel- oder Bodendeckerrose, es gibt sie jedoch auch auf Stamm gezogen. Als hübsche Zwischenpflanzung eignen sich Schopflavendel oder blauer oder weißer Sommer-Salbei.

Abb. 3.15 »Celina« ist eine gelbe, sehr pilzresistente Rose. Sie hat mittelgroße, halb gefüllte Blüten, die bei Regen nicht verkleben

»Celina«

Züchter: Noack 1997 (ADR-Rose)
Wuchshöhe: 60–80 cm
Wuchs: Breitbuschig, bogig überhängend
Blütezeit: Öfterblühend, Mai bis Oktober

Aussehen: Angenehmes Hellgelb mit gelben Staubgefäßen, anfangs rosa überhauchte Knospe. Beim Verblühen wechselt sie ins Weißliche. Öfterblühend ab Mai bis Oktober. Fast durchgehende Blüte, Frühblüher. Die erste Blüte ist sehr üppig (→ Abb. 3.15), ab der zweiten Blüte etwas schwächer blühend. Mittelgroße, ca. 4 cm große, halb gefüllte Blüte (16–35 Blütenblätter). Aufrechter Wuchs, bogig überhängend, in großen, buschigen Dolden. Mittelgroßes, zart glänzendes Blattwerk, hell- bis dunkelgrün.

Besonderheiten: Lieblicher, zarter Duft. Besonders unter den gelben Rosen eine sehr gesunde Rose mit ausgezeichneter Pilzresistenz, hitzebeständig, regenfest und frosthart.
Gestaltung: Sie kann vielseitig verwendet werden: vor höheren Strauchrosen, wunderbar als Bodendecker, aber auch im Topf oder als Hochstammrose gut geeignet.

»Heidetraum«

Züchter: Noack 1988 (ADR-Rose)
Wuchshöhe: 80–90 cm
Auch als Stammrose erhältlich
Wuchs: Breitbuschig
Blütezeit: Öfterblühend, Juni bis Ende Oktober

Aussehen: Rosarot bis pinkfarben. Öfterblühend, sehr blühfreudig bis in den späten Herbst. Blüten ca. 4 cm im Durchmesser, halb gefüllt (6–15 Blütenblätter, ➔ Abb. 3.16). Sie blüht in großen, überhängenden Dolden, breitbuschig wachsend. Kleine bis mittelgroße, glänzende Blätter, die sehr lange anhaften.
Besonderheiten: Sehr gesunde Rose, krankheitsresistent, robust und hitzeverträglich. Auch für problematischere Standorte geeignet. Sie verträgt sogar die Pflanzung unter Bäumen oder im Halbschatten. Nicht duftend.
Gestaltung: Für größere Flächen ein idealer Bodendecker.

Abb. 3.16 »Heidetraum« ist eine robuste Rosensorte mit leuchtend rosaroten mittelgroßen Blüten. Sie ist auch für problematischere Standorte geeignet.

Abb. 3.17 Die »Lions-Rose« ist robust, wächst buschig und blüht von Juni bis Oktober. Die sehr gesunde Märchenrose hat große, gefüllte, nostalgische Blüten mit zartem Rosenduft.

3.5 Aufrecht wachsende Beetrosen

»Lions-Rose«

Züchter: Kordes 2002 (ADR-Rose)
Wuchshöhe: 80–110 cm, auch als Stammrose erhältlich
Wuchs: Aufrecht, buschig
Blütezeit: Öfterblühend, Juni bis Oktober

Aussehen: Cremeweiß-champagnerfarbig, in der Mitte leicht pfirsichfarben (➔ Abb. 3.18), später verblasst sie zu einem zarten Cremeton. Öfterblühende, wuchskräftige Märchenrose. Dauerblühend von Juni bis Oktober. Ca. 8–10 cm große, gefüllte Blüten (16–35 Blütenblätter) von nostalgischer Anmut in großen Dolden wachsend. Aufrechtes, buschiges Wachstum (➔ Abb. 3.17). Feines, glänzend-hellgrünes Laub, die Austriebe leicht rötlich, was die Blütenfarbe sehr gut zur Geltung bringt.

Besonderheiten: Zarter, angenehmer Duft. Gesunde Rose mit guter Blattgesundheit. Hitzeverträglich und sehr frosthart.

Gestaltung: Schöne Solitärpflanze, aber auch in Gruppen wunderschön. Unterpflanzungen in weiß oder rosé unterstreichen die romantische Note.

Abb. 3.18 Die cremeweiß bis pfirsichfarbene »Lions-Rose« ist ideal für Beete, kleine Gruppen, aber auch wunderschön als Solitärpflanze.

»Aprikola«

Züchter: Kordes 2000 (ADR-Rose, »Rigo-Rose«)
Wuchshöhe: 60–80 cm
Wuchs: Aufrecht, starkwüchsig
Blütezeit: Öfterblühend, Juli bis September

Aussehen: Weiches Apricot, im Verblühen Zartrosé (→ Abb. 3.19). Öfterblühend und blühfreudig. Gefüllte Blüten von ca. 5 cm im Durchmesser (16–35 Blütenblätter), in Dolden wachsend. Kleinblättriges, sattgrünes bis hellgrünes Laub. Aufrechter Wuchs, aber breitbuschig und gut verzweigt wachsend. Sehr gesundes, mittelgroßes, dunkelgrünes und stark glänzendes Laub, das wunderbar zum zarten Apricot harmoniert.

Besonderheiten: Angenehmer, fruchtiger Rosenduft. Sehr robuste, krankheitsresistente Rose mit hoher Widerstandsfähigkeit gegen Pilzkrankheiten (»Rigo-Rose«). Sie ist zudem hitzeverträglich und regenfest.

Gestaltung: Schöne Solitärpflanze, aber auch als Beetrose in der Gruppe oder in gemischten Rabatten (→ Abb. 3.20).

Abb. 3.19 » Aprikola« macht durch die weiche Mischung verschiedener Apricotfarben ihrem Namen alle Ehre. Die gefüllten, mittelgroßen Blüten haben Edelrosencharakter und verströmen einen fruchtigen Duft.

Abb. 3.20 »Aprikola« eignet sich als Beetrose in der Gruppe, aber auch als Solitärpflanze; sie macht auch im kleineren Garten eine gute Figur.

Abb. 3.21 »Solero« ist eine sehr gesunde, gleichmäßig wachsende Beetrose. Mit ihren dicht gefüllten, geviertelten, leicht zerzausten Kronblättern in zitronengelb bringt sie Leuchtkraft in den Garten.

»Solero«

Züchter: Kordes 2009 (ADR-Rose, »Rigo-Rose«)
Wuchshöhe: 80–90 cm, auch als Stammrose erhältlich
Wuchs: Aufrecht, breitbuschig, locker
Blütezeit: Öfterblühend, Juni bis Oktober

Aussehen: Leuchtendes Zitronengelb, nicht verblassend. Öfterblühend. Ausgiebiger, dauerhafter Blüher. Blüte sehr dicht gefüllt (36 und mehr Blütenblätter). Blütengröße ca. 7 cm Durchmesser. Aufrechter, breitbuschiger Wuchs. Dunkelgrüne, glänzende, extrem gesunde Belaubung in schönem Kontrast zur gelben Blüte.
Besonderheiten: Zarter, angenehmer Duft. Die Solero ist eine sehr widerstandsfähige, sehr gesunde, wetterfeste gelbe Rose der neuen Generation (→ Abb. 3.21). Gelbe Rosensorten sind nämlich deutlich anfälliger als Rosen mit rosa oder roten Blüten. Die »Solero« ist jedoch außerordentlich robust.
Gestaltung: Sie eignet sich sowohl als Solitärrose als auch als Beetrose mit nostalgischem Charme.

Abb. 3.22 Verschiedene Rosatöne sowie die stark gefüllten Blüten mit geviertelter Rosette und das glänzende Laub machen die Schönheit der Rose »Leonardo da Vinci« aus.

»Leonardo da Vinci«

Züchter: Meilland/Strobel 1994
Wuchshöhe: 80–100 cm, z. T. höher werdend; auch als Stammrose erhältlich
Wuchs: Aufrecht, breitbuschig
Blütezeit: Öfterblühend, Juni bis September

Aussehen: Kräftiges, dunkles Rosa, z. T. auch lachsrosa, beim Verblühen in helles Rosa wechselnd (→ Abb. 3.19). Öfterblühend bei ausdauernder Blüte. Romantische Vierfach-Rosette von ca. 6 cm Durchmesser. Geviertelte, dicht gefüllte Blüten (36 und mehr Blütenblätter). Aufrecht und breit-buschig wachsend. Sattgrünes, glänzendes Laub (→ Abb. 3.22).
Besonderheiten: Zarter Duft. Die Blätter sind etwas anfällig gegen Sternrußtau. Ansonsten regenfest und hitzeverträglich.

Gestaltung: Schön als Solitärpflanze (→ Abb. 3.23), aber auch in Gruppen oder als Heckenpflanzung geeignet. Wunderschöne, romantische Vasenrose.

Abb. 3.23 »Leonardo da Vinci« eignet sich zur Gruppenbepflanzung, als Hochstamm, aber auch in Einzelstellung.

»Red Leonardo da Vinci«

Züchter: Meilland 2003 (ADR-Rose)
Wuchshöhe: 60–70 cm
Wuchs: Aufrecht, buschig und kompakt
Blütezeit: Öfterblühend, Mai bis Oktober

Aussehen: Zyklamrot, »Richelieu-Rot«, ein »Hingucker« ist die rote Variante der »Leonardo da Vinci«. Öfter- und unermüdlich blühend. Blütengröße ca. 7 cm, dicht gefüllte Blüten (36 und mehr Blütenblätter). Die Blüten sind geviertelt und bilden eine Vierfach-Rosette (→ Abb. 3.24). »Da Vinci-Rosen« gehören zu den »Romantica-Rosen«. Stark glänzendes, dunkelgrünes Blatt.

Besonderheiten: Sehr feiner Rosenduft, stärker duftend als »Leonardo da Vinci«. Eine sehr gesunde und robuste, regenfeste Rose.

Gestaltung: Schöne Solitärpflanze. Als Gruppe gepflanzt (→ Abb. 3.25) unterstreicht es den romantischen Charakter dieser wunderschönen Rose.

Abb. 3.24 Die zyklamrote, dicht gefüllte »Red Leonardo da Vinci« bildet eine Vierfach-Rosette; sie duftet stärker als ihre Schwester.

Abb. 3.25 Das Wachstum der »Red Leonardo da Vinci« ist buschig-kompakt und etwas kleiner als die »Leonardo da Vinci«.

Abb. 3.26 Edelrosen haben langstielige, großblumige Einzelblüten.

3.6 Edelrosen (Teehybriden)

Edelrosen sind die »Diven« unter den Rosen. Edel und elegant kommen sie daher, fordern jedoch auch Einiges ab. Sie benötigen einen sehr guten Standort mit nährstoffreichem Boden. Es muss Rosenliebhabern klar sein, dass Edelrosen im Garten unbedingt eine besondere Stellung einnehmen müssen: Sie benötigen etwas mehr Platz und Luft um sich herum, da sie krankheits- und schädlingsanfälliger sind.

Die Züchter haben sich sehr angestrengt; es gibt bei den Edelrosen außerordentlich gesunde Neuzüchtungen, zum Teil sogar mit betörendem Duft. Die Edelrose besticht durch langstielige, großblumige Einzelblüten, die Wuchshöhe liegt zwischen 60–120 cm (➔ Abb. 3.26). Die Blütenform ist spitzknospig oder krugförmig. Sie eignet sich gut als Schnittblume und blüht öfter. Beim Neukauf sind unbedingt robuste, winterharte Sorten zu wählen. Trotzdem sollten Sie der Rose im Winter immer einen guten Winterschutz geben.

»Ambiente«

Züchter: Noack 2001
Wuchshöhe: 70–80 cm
Wuchs: Aufrecht, kompakt, buschig
Blütezeit: Öfterblühend, Juni bis September

Aussehen: Cremeweiß, in der Mitte leicht ins Gelbliche übergehend. Öfterblühend. Sehr große Blüten von ca. 8–10 cm. Dicht gefüllte Blüten (36 und mehr Blütenblätter) von edlem Aussehen (➔ Abb. 3.27). Außerordentlich blühwillig in Einzelblüten, aber auch büschelig blühend. Aufrechter Wuchs. Dunkelgrünes, glänzendes Laub.

Besonderheiten: Angenehmer, leichter Duft. Gute Widerstandsfähigkeit gegen Pilzkrankheiten, regenfest, hitzeverträglich und frosthart – eine durch und durch gesunde Teehybride. Guter, humoser Boden ist notwendig, dann ist sie auch für Beete ideal. Sie hält sehr lange die Form und eignet sich gut für die Vase.

Gestaltung: Schöne Unter- oder Nebenpflanzung für ein weißes Beet: weißes Schleierkraut, weißer Rittersporn, silbrige Blattpflanzen.

Abb. 3.27 Die Edelrose »Ambiente« ist stark gefüllt und hat edle, spitzknospige Blüten. Die sehr gesunde und robuste Teehybride ist überaus blühfreudig mit angenehmem Duft.

»Augusta Luise«

Züchter: Tantau 1999
Wuchshöhe: 70–120 cm
Wuchs: Aufrecht, kompakt
Blütezeit: Öfterblühend, Juni bis September

Gräfin Augusta Luise zu Stolberg-Stolberg (1753–1835), nach der diese Rose benannt wurde, ging in die Literaturgeschichte als »Goethes Muse« ein. Goethe lernte seine »Muse« nie kennen, pflegte jedoch eine langjährige Brieffreundschaft mit ihr.

Aussehen: Pfirsich-rosé bis Apricotrosé-Champagnerfarben (➔ Abb. 3.28), im Verblühen heller werdend. An den Rändern bis ins Rote spielend. Öfter- und reichblühend. Nostalgische, romantische, üppig gefüllte Blütenbälle (36 und mehr Blüten-

Abb. 3.28 »Augusta Luise« mit ihrem umwerfenden Farbspiel.

Abb. 3.29 Die Rose »Augusta Luise« hat dicht gefüllte, rosettenartige, nostalgische Blüten in zarter Pfirsichfarbe. Die Blüten erinnern an Pfingstrosen. Sie duftet unbeschreiblich gut und ist eine perfekte Schönheit, dabei gesund und robust.

blätter (➔ Abb. 3.29). Blüten, ca. 8–10 cm groß. Großlaubige, sattgrüne Blätter.

Besonderheiten: Kräftig süßer, fruchtiger, sehr angenehmer Duft.

Gestaltung: Hält sich gut in der Vase. Normal gesunde Rose, hitzeverträglich und regenfest. Passt auch in ein Stauden- oder Sommerblumenbeet. Als Beipflanzung dann jedoch helle, leichte Farben wählen. Guter Winterschutz ist notwendig.

»Gloria Dei«

Züchter: Meilland-Strobel 1945
Wuchshöhe: 70–90 cm
Wuchs: Aufrecht-buschig
Blütezeit: Öfterblühend, Juni bis zum Frost

Aussehen: Lichtgelbe Blüten mit überhauchtem, rosafarbenem Rand (➔ Abb. 3.30). Im Verblühen hellgelb werdend. Die Knospe ist rötlich. Unproblematischer Dauerblüher. Stark gefüllte Blüten (36 und mehr Blütenblätter), ca. 10 cm im Durchmesser. Großes, kräftiges, sattgrünes und glänzendes Laub.

Besonderheiten: Anhaltender, feiner und unvergesslicher Duft. Die Blätter sind bei Dauerregen allerdings pilzanfällig. Sie verträgt Halbschatten, mindestens 4–5 Stunden Sonne sind notwendig. Robuste, gut frostharte Rose. Sehr gute Schnittrose für die Vase. Die berühmteste Edelrose der Welt, die diesen Namen verdient und nichts von ihrer Schönheit eingebüßt hat.

Gestaltung: Sie ist auch als Halbstamm (ca. 65 cm Höhe) erhältlich. Am Prächtigsten wirken mehrere »Gloria Dei« in einem Beet gepflanzt (➔ Abb. 3.32). Schön dazwischen: weißes, hohes Schleierkraut oder als niedere Pflanzung blauer Storchschnabel (Geranium-Hybride).

Abb. 3.30 Die »Gloria Dei« ist weltweit eine der verbreitetsten und beliebtesten gelben Rosen. Die großen, dicht gefüllten, lichtgelben Blüten weisen am Rand der äußeren Blütenblätter eine schmale Übergangszone ins Rosafarbene auf.

Abb. 3.31 Gedenkspruch für die »Gloria Dei« auf der Insel Mainau.

Abb. 3.32 »Gloria Dei« ist besonders geeignet für Einsteiger und Rosenneulinge.

»Tea-Time«

Züchter: Tantau 1994
Wuchshöhe: 70–100 cm
Wuchs: Aufrecht
Blütezeit: Öfterblühend, Juni bis September

Aussehen: Weithin leuchtendes Kupfer- bis Orangerot. Für diese faszinierende Farbe benötigt man fast eine Sonnenbrille. Öfterblühend und sehr blühfreudig. Gefüllte, gewellte, große Blüten (16–35 Blütenblätter). Blütendurchmesser ca. 8–11 cm. Große, mattgrüne Blätter, in den Triebspitzen dunkelrot bis auberginefarben, wodurch das kräftige Orange der Blüten (→ Abb. 3.33) wunderbare Begleitung findet.

Besonderheiten: Angenehmer, typischer, betörender Rosenduft. Gesunde Rose. Kräftige Stiele, deshalb sehr gut für die Vase geeignet. Sowohl als Beet- als auch als Hochstammrose erhältlich (→ Abb. 3.34).

Gestaltung: Diese Rose bringt – als Gruppe gepflanzt – »Feuer« in den Garten. Schöne Unterpflanzung: hellgrünes Purpurglöckchen = Heuchera.

Abb. 3.33. Im Beet als Gruppenpflanzung gibt die »Tea Time« »großes Theater«.

Abb. 3.34 »Tea-Time« besitzt kräftige, aufrecht wachsende Stiele, eignet sich für den Schnitt.

Abb. 3.35 Die großen, samtroten, dicht gefüllten Blüten der »Grande Amore« sind edel geformt. Unter dem Fenster der »Liebsten« gepflanzt, wird sie ihre Wirkung nicht verfehlen, denn sie ist der Inbegriff einer langstieligen Edelrose.

»Grande Amore«

Züchter: Kordes 2004 (ADR-Rose)
Wuchshöhe: Kordes: 80–100 cm,
Mainau: 120–150 cm
Wuchs: Aufrecht-buschig
Blütezeit: Öfterblühend, Juni bis Oktober

Aussehen: Kräftiges Rot, zwischen fuchsia- und dunkelrot. Öfter- und reichlich blühend, sehr elegant und starkwüchsig an kräftigen Stielen. Edle, dicht gefüllte Blüte (15–35 Blütenblätter) von ca. 10 cm im Durchmesser (➔ Abb. 3.35). Hoch gebaute, sehr edle Knospe. Aufrechte Einzelblüten. Große, mattgrüne Blätter, die Triebspitzen werden rotbraun und harmonieren wunderbar mit der Blütenfarbe.
Besonderheiten: Zarter, lieblicher Rosenduft. Robuste Rose. Humoser Boden ist notwendig.
Gestaltung: Ein echter »Hingucker« im Garten, geeignet für Gruppenpflanzung oder gemischte Rabatten. Schön zu weißer Beipflanzung, wie z.B. hohes Schleierkraut, Rittersporn oder Feinstrahl-Astern. Gute Schnittrose.

Abb. 3.36 »Grande Amore« ist sehr robust, wächst kräftig buschig, hat schönes dunkles Laub und ist besonders frosthart.

3.7 Englische Rosen

Abb. 3.37 Die Blütenform der Englischen Rosen gleicht den Blüten der Alten Rosen.

Englische Rosen sind Züchtungen des Engländers David Austin (➔ Abb. 3.37 und Abb. 3.38), der mit seinen Kreuzungen die Eigenschaften von Alten und Modernen Rosen vereint hat. Englische Rosen sind strauchartig wachsende Rosen, die Wuchshöhe ist etwa mannshoch, jedoch auch höher. Das Schöne an ihnen: Sie ähneln den »Alten Rosen« mit ihren nostalgischen Blüten und den bezaubernden Farben – ihre Schönheit bringt uns zum Schwärmen. Bei diesen Rosen gelang es David Austin außerdem, den Duft der Alten Rosen einzufangen und für sommerlange und öfterblühende Rosenfreude zu sorgen. Die Blütenformen sind von rundlich gefüllt bis pomponförmig, zum Teil in prallen Büscheln und überhängend. Man kann sie gut als Blütenkaskade oder Kletterrose pflanzen. Vor einigen Jahren gelang es David Austin, auch für den Kontinent gesündere Rosen zu züchten mit kräftigeren Stielen, die in der Lage sind, die wunderschönen, stark gefüllten Blüten aufrecht zu halten. Mittlerweile sind sie blattgesund, regenfest und robust und überstehen auch unser Klima.

Abb. 3.38 Züchtungsziel bei den Englischen Rosen war laut David Austin nicht so sehr die Leuchtkraft der Blütenfarbe oder die Produktion von Blüten, sondern der feine Charme und Duft der Rosen.

Abb. 3.39 Weiße Rosen bestechen durch ihre reine Ausstrahlung. Die cremeweißen, schalenförmigen inneren Blütenblätter der »Claire Austin« sind in konzentrischen Kreisen, die äußeren Blütenblätter dagegen locker angeordnet.

»Claire Austin«

Züchter: David Austin 2007
Wuchshöhe: 125 cm, als Kletterrose bis 250 cm
Wuchs: Starkwüchsig, buschig
Blütezeit: Öfterblühend, Juni bis Frost

Aussehen: Die Knospen sind anfangs blassgelb, später cremigweiß. Annähernd dauerblühend. Blütengröße: 8-10 cm. Wunderschöne, schalenförmige, dicht gefüllte Blüten (36 und mehr Blütenblätter) mit nostalgischer Blütenform (→ Abb. 3.39). Mittelgrünes Laub. Sie verkahlt von unten her nicht, sondern entwickelt auch im unteren Bereich viele Blüten. David Austin benannte sie nach seiner Tochter.

Besonderheiten: Eine starke, angenehme Duftkomposition von Myrrhe, Vanille und Heliotrop. Weiße Rosen sind normalerweise krankheitsanfälliger als Rosen in kräftigeren Farben. Die »Claire Austin« ist jedoch sehr kräftig, gesund und winterhart. Man muss ihr jedoch ein bis zwei Jahre Zeit lassen, sich zu etablieren.

Gestaltung: Sehr schön mit weißer Unterpflanzung, z.B. Leimkraut (Silene maritima).

Abb. 3.40 »Harlow Carr« ist eine den Alten Rosen ähnelnde, robuste, kleine Rose mit rosafarbenen, dicht gefüllten Blüten, die eine flache Schale bilden. Sie blüht ausdauernd.

»Harlow Carr«

Züchter: David Austin 2004
Wuchshöhe: 80–110 cm
Wuchs: Kompakt, buschig-rundlich
Blütezeit: Öfterblühend, Juni bis Frost

Aussehen: Zartsilbriges Rosé, im Verblühen heller werdend. Öfterblühend, fast durchblühend, mit sehr vielen Blüten. Die Blütezeit beginnt im Juni und reicht bis zum Frost. Blütengröße ca. 6 cm. Kugelige, dicht gefüllte Blüten (36 und mehr Blütenblätter, (→ Abb. 3.40). Die Blüten wachsen an großen Blütenständen mit starken Stacheln. Zartgrünes Laub, im Austrieb etwas ins Bronzefarbige gehend.

Besonderheiten: Sehr guter, kräftiger Rosenduft. Gesunde, historisch aussehende Rose. Schön auch noch im Verblühen.
Gestaltung: Kommt schön zur Geltung, wenn mindestens 3 Stück dieser Rose gepflanzt werden. Sehr gut für Hecken von mittlerer Höhe geeignet.

»The Pilgrim«

Züchter: David Austin 1991
Wuchshöhe: 130–180 cm
Wuchs: Kompakt, buschig
Blütezeit: Öfterblühend, Juni bis September

Aussehen: Helles Zitronengelb, in der Mitte ins Dottergelb gehend, am Rand aufhellend. Öfterblühend. Die Blütezeit dauert von Juni bis Herbst. Ungefähr 8 cm große, dicht gefüllte, (36 und mehr Blütenblätter, → Abb. 3.41), flache Blüten. Kräftiger, aufrechter Wuchs. Dunkelgrünes, wachsartig glänzendes Laub.
Besonderheiten: Außerordentlich guter, angenehm fruchtiger Zitronenduft. Besonders gesunde, robuste Rose (→ Abb. 3.42) mit guter Frosthärte unter den Englischen Rosen.
Gestaltung: Schön als Solitärpflanze, aber auch in Gruppenpflanzungen sowie für Hecken oder als Kletterrose geeignet. Eine sehr gesunde Englische Rose.

Abb. 3.41 »The Pilgrim« ist eine rein gelbe Rose, die ungewöhnlich starken und gesunden Wuchs mit äußerst reizvollen Blüten kombiniert. Die gleichmäßig geformten, zarten Blüten sind gewirbelt und bilden eine flache Schale.

Abb. 3.42 »The Pilgrim« zeichnet sich durch einen ungewöhnlich starken und gesunden Wuchs mit äußerst reizvollen und zierlichen Blüten aus.

Abb. 3.43 und Abb. 3.44
Die nach dem englischen Komponisten benannte Rose »Benjamin Britten« hat tief schalenförmige Blüten, die sich allmählich zu einer offenen Rosette öffnen.

»Benjamin Britten«

Züchter: David Austin 2001
Wuchshöhe: 100–130 cm
Wuchs: Buschig, breit, kräftig
Blütezeit: Öfterblühend, Juni bis Frost

Aussehen: Himbeerrot, mit einem Hauch von Orange. Öfterblühend, fast dauerblühend. Flache, schalenförmige, dicht gefüllte Blüte (36 und mehr Blütenblätter → Abb. 3.43), ähnlich einer Pfingstrose. Etwa 8–10 cm große Blüten. Aufrechter, kräftig-buschiger und dichter Wuchs. Das Laub ist sattgrün, sehr glänzend und widerstandsfähig.

Besonderheiten: Sie duftet sehr intensiv, angenehm und fruchtig. Eine gesunde, robuste und widerstandsfähige Rose, die regenfest und hitzebeständig ist. Die Frosthärte ist nicht ganz optimal, deshalb für guten Winterschutz sorgen. Sie gedeiht auch im Halbschatten, jedoch sind 4–5 Stunden Sonne notwendig.

Gestaltung: Durch ihre intensive Farbe ist sie ein Blickpunkt im Garten. Zwischen den sanften Farbtönen der anderen Englischen Rosen kommt sie sehr gut zur Geltung.

3.8 Flächenrosen/ Bodendeckerrosen

Abb. 3.45 Flächenrosen wachsen wie kleine Strauchrosen, bilden aber lange und überhängende Triebe.

Bei den Flächen- bzw. Bodendeckerrosen handelt es sich nicht um eine eigenständige Rosengruppe, sondern um verschiedene Sorten anderer Rosengruppen, die sich vor allem für die Hang- oder Randbepflanzung eignen. Flächen- und Bodendeckerrosen überziehen kleine Mauern oder eine Hanglage mit einem dichten Blütenteppich (→ Abb. 3.45 und Abb. 3.46). Sie dienen vielen Insekten als Nahrung.

Bis der Boden mit flächendeckenden Rosen vollständig bedeckt ist, können etwa 3 Jahre vergehen. In dieser Zeit werden die Rosen nur mäßig ausgelichtet. Nach 3 Jahren wird kräftig zurückgeschnitten.

Flächenrosen – nicht alle sind flächendeckend – können unterschiedliche Wuchsformen aufweisen, von aufrecht wachsend, buschig-niedrig oder flächig-niederliegend. Sie blühen »sommerlang« und reichlich. Der Sommerschnitt fördert die Nachblüte. Es gibt auch Sorten für halbschattige Lagen. Durch die Pflegeleichtigkeit sind sie besonders für Gärtner/innen geeignet, die wenig Zeit in den Garten investieren können. Am besten werden diese Rosen in Gruppen gepflanzt. Bodende ckerrosen sind sehr robust gegenüber Blattkrankheiten. Es sind viele ADR-Sorten erhältlich.

Abb. 3.46 Rosen bilden lange tiefe Wurzeln. Aus diesem Grund müssen die Pflanzgefäße hoch genug sein.

Abb. 3.47 »Alba Meidiland« blüht von Juni bis zum Frost und kokettiert mit ihren weißen Blütenkaskaden.

»Alba Meidiland«

Züchter: Meilland 1987
Wuchshöhe: 60 cm
Wuchs: Breitbuschig
Blütezeit: Öfterblühend, Juni bis Oktober

Aussehen: Das reine Weiß der »Alba Meidiland« – (sie entspricht einer weißen »Fairy« s.u.), hat eine leichte, zartgelbe Nuance. »Alba Meidiland« ist ein sehr guter, ausdauernder Dauerblüher von Juni bis Oktober. Blüten ca. 3–4 cm groß. Die dicht gefüllten, gewirbelten Blüten (ca. 36 Blütenblätter) wachsen buschig, ausladend und überhängend in großen Dolden. Das kleine, glänzende Laub bildet einen schönen Kontrast zur weißen Blüte (→ Abb. 3.47).

Besonderheiten: Kaum duftend. Sehr widerstandsfähige, regen- und hitzefest. Eignet sich auch für raue Lagen. Sie verträgt auch Halbschatten mit mindestens 4–5 Stunden Sonne.

Gestaltung: Schön als Gruppenbepflanzung, auch in naturnahen Gärten. Aber auch im Trog oder als Solitärpflanzung gut geeignet.

Abb. 3.48 »The Fairy« überwuchert Böschungen und Hänge sommerlang mit dichten, roséfarbenen Blütenbüscheln.

»The Fairy«

Züchter: Bentall GB, 1932
Wuchshöhe: 60–80 cm, auch als Hochstamm erhältlich
Wuchs: Breitbuschig, kompakt und dicht
Blütezeit: Öfterblühend, Juni bis Oktober

Aussehen: Zartes Lachsrosa kennzeichnet die von Juni bis Oktober öfterblühende »Fairy«. Die kleinen, ca. 3 cm großen, stark gefüllten Blüten (ca. 36 Blütenblätter) wachsen in großen Blütentrauben. Typisch sind die vielen kleinen Stacheln. Das mittel- bis dunkelgrüne, glänzende Blattwerk ist gesund. »The Fairy« bleibt niedrig und wächst kriechend (→ Abb. 3.48).

Besonderheiten: Kaum wahrnehmbarer Duft. Verträgt Halbschatten, 4-5 Stunden Sonnenscheindauer sind jedoch notwendig. Robust, hitzeverträglich, winterhart und pflegeleicht – eine sehr gute Flächenrose für Einsteiger.

Gestaltung: Sie eignet sich als Beet- oder Bodendeckerrose und ist für Böschungen und Hanglagen geeignet, jedoch kann man sie auch gut in Töpfe pflanzen.

»Celina«

Züchter: Noack 1999 (ADR-Rose 1999)
Wuchshöhe: 60–80 cm
Wuchs: Breitbuschig
Blütezeit: Öfterblühend, Mai bis Oktober

Abb. 3.49 »Celina« ist absolut regenfest, was für eine weißgelbe Rose außergewöhnlich ist. Sie hat wunderschöne, offene Blüten.

Aussehen: »Celina« blüht zunächst in einem zarten, cremigen Gelb, das später ins Weißliche übergeht mit gelber Mitte, die Knospe hat einen rötlichen Rand. Frühe, reiche Blüte, öfterblühend, ab Juni bis zum Frost. Blüte ca. 4–6 cm, halb gefüllt (6–15 Blütenblätter), bogig überhängend in großen Dolden (→ Abb. 3.49). Sie verkleben auch bei längerem Regen nicht. Mittelgrünes, glänzendes Laub von mittlerer Größe.

Besonderheiten: Feiner, zarter, lieblicher Duft. Robust und gesund, falls Pilzkrankheiten an den Blättern auftreten, können diese sich gut regenerieren. Eine der wenigen gelben Bodendeckerrosen, mit ausgezeichneter Gesundheit, hitzebeständig, regenfest und frosthart.

Gestaltung: Sie ist als Bodendecker, im Topf, aber auch als Hochstammrose verwendbar.

»Mirato«

Züchter: Tantau 1990 (ADR-Rose 1993)
Wuchshöhe: 50–70 cm
Wuchs: Kräftig, buschig-breit
Blütezeit: Öfterblühend, Juni bis November

Aussehen: Sogar abends in der Dämmerung leuchtet dieses Pinkrosa der »Mirato« weithin (→ Abb. 3.50). Sie hat kleine

Abb. 3.50 Pinkfarben verbreitet die »Mirato« den ganzen Sommer hindurch Fröhlichkeit mit ihren gefüllten Blüten. Sie ist außerordentlich robust.

gefüllte Blüten (16–35 Blüten) von ca. 6 cm im Durchmesser, mit gelben Staubgefäßen. Sie ist öfterblühend, bis über den Frost hinaus. Blüht breitbuschig in großen, aufrecht wachsenden Dolden. Zierliche, mittelgrüne Blätter, leicht glänzend, im Austrieb rötlich.

Besonderheiten: Kaum wahrnehmbarer Duft. Kerngesunde Rose, mehltau- und sternrußtauresistent. Unkompliziert, pflegeleicht, gute Selbstreinigung.

Gestaltung: Sie eignet sich für Gruppenbepflanzungen, als Flächenrose oder als Beetrose. Halbschatten wird toleriert, allerdings sollten 4–5 Stunden Sonne gewährleistet sein. Ein kräftiger Rückschnitt alle 2–3 Jahre fördert die Blühbereitschaft.

Abb. 3.51 Die »Gärtnerfreude« mit ihren leuchtend-roten, vielen, kleinen, gefüllten Blüten erfreut mit ihrer Robustheit jedes Gärtnerherz.

»Gärtnerfreude«

»Rigo-Rose«, Goldmedaillen in Baden-Baden, Dublin, Paris (ADR-Rose 2001)
Züchter: Kordes' Söhne, 1999
Wuchshöhe: 50 cm, auch als Stammrose erhältlich
Wuchs: Flach niederliegend
Blüte: Öfterblühend, Juni bis September/Oktober

Aussehen: Das kräftige Himbeerrot der »Gärtnerfreude« hält die Farbe, ohne zu verblauen (➔ Abb. 3.51). Die öfterblühende Rose mit einer Dauerblüte von Juni bis Oktober hat 2–3 cm große, locker gefüllte (ca. 16–35 Blütenblätter) Blüten, die in Dolden überhängen. Zierliche, glänzend-dunkelgrüne und ledrige Blätter.

Besonderheiten: Duftet nicht, dafür ist sie absolut resistent gegen Mehltau und Sternrußtau. Sie verträgt Regen, Hitze und Frost und ist problemlos.

Gestaltung: Diese sehr gut flächendeckende Rose ist auch als Stammrose geeignet. Sie wird häufig in öffentlichen Grünflächen eingesetzt. Im Gartenbeet macht sie eine ebenso gute Figur. Alle 2–3 Jahre ein kräftiger Rückschnitt fördert die Blühfreudigkeit.

3.9 Flächenrosen/Zwergrosen (Miniaturrosen oder Patiorosen)

Abb. 3.52 Besonders kompakt wachsende Rosen mit kleinen Blüten und zierlichem Laub werden als Miniatur- oder Zwergrosen bezeichnet.

Sie sind die Minis im Rosengarten, denn meistens erreichen sie gerade mal 30–40 cm Höhe (→ Abb. 3.52). Durch ihren gedrungenen Wuchs kann man sie gut in Töpfen oder Balkonkästen pflanzen. In kleinen Gärten sind diese »Lilliputs« ein Hingucker. Als niedrige Beeteinfassung säumen sie blumenreich den Weg. Auch als Unterpflanzung zu Beet- oder Kletterrosen eignen sie sich gut. Durch die Bodennähe sind sie leider etwas empfindlicher gegenüber Pilzkrankheiten. Deshalb: nie auf die Blätter, sondern nur an den Wurzelbereich gießen.

Mein Rosen-Tipp

Zwergrosen können problemlos in Töpfe gepflanzt werden. Allerdings müssen die Töpfe mindestens 40 cm hoch sein, denn Rosen sind »Tiefwurzler«.

Abb. 3.53 Ihr Name ist Programm: »Schneeflocke« leuchtet mit schneeweißen Blüten auch noch in der Dämmerung. Sie blüht und blüht und blüht mit zahlreichen Blütenrispen.

»Schneeflocke«

Züchter: Noack 1991 (ADR-Rose)
Wuchshöhe: 40–50 cm
Wuchs: Kompakter Wuchs, niedrig, buschig
Blütezeit: Öfterblühend, Mai/Juni bis Oktober

Aussehen: Die von Mitte Mai bis Oktober in leuchtendem Weiß öfterblühende »Schneeflocke« (→ Abb. 3.53) zeigt eine sehr schnelle Blütenneubildung bei sehr guter Selbstreinigung. Die ca. 6 cm große Blüte ist halbgefüllt (6–15 Blütenblätter). Glänzendes Blatt, mittel- bis dunkelgrün. Sehr gute Blattgesundheit. Kompakter Wuchs.
Besonderheiten: Ganz zarter Duft. Zahlreiche Blütendolden decken ab dem dritten Jahr Flächen mit ihrem Blütenschleier dicht ab. Diese robuste, widerstandsfähige, kleine Rose behält sogar im Regen reinweiße Blüten. Halbschatten bei mindestens 5 Stunden Sonne wird vertragen.
Gestaltung: Die Schneeflocke gehört nicht zu den ganz kleinen Zwergrosen, kann jedoch durchaus als bezaubernde Unterpflanzung dienen. Einzeln, im Vorgarten, auf einem Friesenwall oder in der Gruppe in einer Rabatte bezaubert sie.

Abb. 3.54 Das öfterblühende »Sonnenröschen« kommt auch im Topf gut zur Geltung.

»Sonnenröschen«

Gold- und Silbermedaille auf internationalen Rosenschauen (ADR-Rose)
Züchter: Kordes' Söhne, 2005
Wuchshöhe: 30–40 cm
Wuchs: Breitbuschig
Blütezeit: Öfterblühend, Juni bis Oktober

Aussehen: Das weiß mit auffallend gelbem Auge öfterblühende Sonnenröschen (→ Abb. 3.54) hat kleine, ca. 3 cm große, einfache Blüten (5 Blütenblätter). Es wächst breit-buschig, ca. 50 cm in die Breite. Feines, zierliches Laub, dunkelgrün und stark glänzend, wunderbar kontrastreich zur Blütenfarbe.
Besonderheiten: Kaum wahrnehmbarer Duft. Stern- und mehltauresistent, eine widerstandsfähige Rose der neuen Generation.
Gestaltung: Sie eignet sich sehr gut für kleinere Gärten, als Beeteinfassung, in Steingärten und kommt auch im Topf gut zur Geltung.

»Charmant«

Züchter: Kordes 1999 (ADR-Rose)
Wuchshöhe: Bis 40 cm
Wuchs: Kompakt, aufrecht und buschig
Blütezeit: Öfterblühend, Juni bis September/Oktober

Aussehen: Reines, kräftiges Rosa mit gelbweißer Mitte und cremeweißer Rückseite. Öfterblühend ab Juni bis Oktober. Die ungefähr 4 cm große, stark gefüllte Blüte (36 und mehr Blütenblätter, → Abb. 3.55) sieht sehr beeindruckend aus, obwohl sie so klein ist. Die »Charmant« wächst buschig, aufrecht und kompakt mit vielen nostalgischen Blüten. Zierlich kleines Laub, dunkelgrün und stark glänzend, im Austrieb rötlich.
Besonderheiten: Schwacher, leichter, süßlicher Duft, was für diese Rosengruppe ungewöhnlich ist. Robuste und widerstandsfähige Zwergrose, die zwar sternrußtau- und mehltauanfällig ist, jedoch sehr gute Regenerationsfähigkeit aufweist.
Gestaltung: Gut geeignet für Freiland, Töpfe und Kästen.

Abb. 3.55 Die »Charmant« bündelt mit ihren kleinen, kräftig rosa Blüten große Blütendolden, die wie eine dichte Krone aussehen.

»Alberich«/Polyantharose

Züchter: De Ruiter, 1954
Wuchshöhe: 20–30 cm, auch als Hochstämmchen erhältlich
Wuchs: Kräftig, buschig
Blütezeit: Öfterblühend, Juni bis September-Oktober

Aussehen: Kräftig leuchtendes Johannisbeerrot. Öfterblühend von Juni bis Oktober. Blütengröße ca. 3 cm, stark gefüllte Blüten. Blüten sind in dichten Rispen angeordnet. Kräftiges, buschiges Wachstum (→ Abb. 3.56). Dunkelgrüne, längliche, glänzende Blätter.
Besonderheiten: Zarter, leichter Duft. Zeitweiser Befall von Pilzkrankheiten ist möglich, jedoch regeneriert sich die Pflanze aus eigener Kraft. Sehr gesunde, robuste, winterharte Rose.
Gestaltung: So klein und so bezaubernd: schön in der Gruppe, als Beeteinfassung oder in Töpfen.

Abb. 3.56 Obwohl die »Alberich« zu den ganz »Kleinen« gehört, blüht sie mit dichten Blütenbüscheln in pyramidenförmigen Rispen und ihr kräftiges Rot leuchtet weithin.

Abb. 3.57 Kletterrosen haben die wunderbare Fähigkeit, sich von der Spitze bis fast zum Boden mit Blüten zu bedecken.

3.10 Kletterrosen: Climber

Climber sind öfterblühende Kletterrosen (→ Abb. 3.57) mit großblumigen Blüten und einer Wuchshöhe bis zu drei Metern. Diese Kletterkünstler mit ihren langen und steifen Trieben sind sehr langlebig. Eine Kletterrose passt immer noch in den Garten, auch wenn man befürchtet, dass absolut kein Platz mehr dafür vorhanden ist. Durch ihre Höhe von ca. 2–3 Metern weisen sie uns in die »dritte Dimension«, denn nach oben ist ja alles frei. Der Gartenraum wird durch sie unterteilt oder begrenzt, der Blick in die Höhe geleitet. Die Kletterrose lässt einen hässlichen Laternenpfahl oder einen unschönen Platz bezaubernd wirken. Sie verschönert die Pergola, einen Torbogen, einen Obelisken oder sonstige Rankhilfen und kann auch als Hecke dienen. Kletterrosen warten teilweise mit sehr großen Blüten in allen Blütenformen und -farben auf, von einfachen bis stark gefüllten Blüten. Sie sind schön in der Vase. Viele haben einen sehr angenehmen, intensiven Duft. Nach der Blüte sollten sie zurückgeschnitten werden, so wird neuer Blütenflor angeregt.

Abb. 3.58 Je waagerechter die Zweige an einer Rankhilfe geführt werden, umso mehr blühende Triebe werden gebildet.

Für den kleinen Garten gibt es auch kleinere Kletterrosen-Arten. Außerdem gibt es Sorten, die mit Schatten oder in rauen Lagen gut zurechtkommen. Zudem haben nicht alle Kletterrosen starre Triebe; es gibt auch solche mit weichen Trieben. Für diese benötigt man nicht unbedingt eine Stütze, man kann sie »wild« wachsen lassen. Sie bilden dann eine bogenförmige Kuppel und werden durch die darunter wachsenden Austriebe gestützt. Mit dieser »wilden« Wuchsform benötigen sie eine Fläche von mehreren Quadratmetern, falls nicht ausgelichtet wird. Ich persönlich finde, dass man mit einer Stütze den Kletterern hilft; das ist jedoch Ansichtssache (→ Abb. 3.58).

Entwicklung und Pflege: Erwarten Sie im ersten Jahr noch nicht zu viel – Kletterrosen benötigen ein bis drei Jahre, um heimisch zu werden. Ab dem dritten Jahr verwöhnen sie unser Auge mit überreichen Blüten. Wählen Sie Ihren neuen »Kletterer« besonders aufmerksam aus, um keine Enttäuschungen zu erleben. Und: geben Sie bereits im ersten Jahr nach der Pflanzung die Führung vor durch eine entsprechende, kräftige Stütze. Diese Konstruktion muss von Anfang an so stabil und groß gewählt sein, dass sie auch Wind, Regen, und Schnee sowie das Gewicht der Rose aushält. Sparen Sie hier nicht und verwenden Sie keine dünnen Metall- oder Plastikprofile. Kaufen Sie einen guten, stabilen Bogen, eine Pyramide oder sonstige Rankhilfe: Damit ersparen Sie sich zwei oder drei weitere Geldausgaben sowie Arbeit.

Suchen Sie nach dem Pflanzen und Austrieb wenige Triebe aus, die in die Höhe wachsen dürfen. Die restlichen Austriebe führen sie waagerecht oder bogig. Dadurch wird das Wachstum

Abb. 3.59 Bei Kletterrosen sollten die Rosentriebe mit Bindebast oder Gartenschnur angebunden werden. Befestigen Sie sie locker, damit die mit zunehmendem Alter dicker werdenden Triebe nicht eingeschnürt werden.

der schlafenden Augen angeregt, denn die Rose bildet immer am höchsten Punkt Blüten: Der waagerecht geführte Trieb hat nun viele höchste Punkte und bildet demzufolge viele Blüten aus (→ Abb. 3.59). Unterlässt man die waagerechte Führung, wächst die Kletterrose steil aufrecht, wirkt staksig und bildet nur oben Blüten. Eine alte, aufrecht geführte Kletterrose kann man sehr schwierig umgewöhnen.

Rosen mögen Sonne, jedoch nicht zu viel Hitze. In unseren Köpfen sitzt die Vorstellung einer wunderbar bewachsenen Hauswand. Doch die Südseite des Hauses strahlt in der Regel zu viel Hitze ab – die Rose bekommt Sonnenbrand oder Schädlinge übernehmen die Regie. Zudem ist es direkt am Haus häufig sehr trocken durch den Dachüberstand.

Standort: Die Ost-Südseite oder West-Südseite ist für den Kletterer günstiger. Beachten Sie beim Pflanzen am Haus, dass genügend humoser Boden (Mutterboden) vorhanden ist, denn in restlichem Bauschutt kann keine Rose leben (→ Kap. 2.1). Das Rankgerüst sollte einen Abstand von mindestens 20 cm vom Haus haben, damit die Hinterlüftung gewährleistet ist. (Hier sind sich die einzelnen Rosenkenner leider nicht einig, deshalb gebe ich einen Mittelwert an).

Gestaltung: Wenn Ihr Garten eine wunderbare Blütenoase werden soll, eignen sich öfterblühende Kletterrosen zusammen mit Ramblern. Beide ergänzen sich in ihren Blühzeiten. Vielleicht setzen Sie sogar noch eins »oben drauf«, nämlich eine Clematis, die dann die Blühpausen übernimmt. Die Rose sollte 2–3 Jahre vor einer Clematis gepflanzt werden, weil sie einen Wachstumsvorsprung benötigt. Auch im kleinen Garten ist diese Kombination »Rose-Clematis« umsetzbar. Sie wählen einfach kleinwüchsigere Sorten aus.

»Ilse Krohn Superior«

Züchter: Kordes' Söhne, 1964
Wuchshöhe: 200–300 cm, Breite ca. 100 cm
Wuchs: Aufrecht bis leicht bogig, kräftig-buschig
Blütezeit: Öfterblühend, Juni bis Frost
Kletterrose

Aussehen: Leuchtendes Weiß, ins Cremig-Weiße übergehend. Öfter- und reichblühend. Die Blüten haben einen Durchmesser von ca. 10 cm. Dicht gefüllt (36 Blütenblätter und mehr) mit großen, edelrosenartigen Blüten (→ Abb. 3.60). Dunkelgrünes, ledriges und wetterfestes Laub, das einen wunderbaren Kontrast zum reinen Weiß der Blüten bildet.
Besonderheiten: Angenehmer Duft. Widerstandsfähige, mehltau- und sternrußtauresistente, sehr frostharte Rose, die sich auch mit einer niedrigeren Rankhilfe begnügt. Sie ist starkwüchsig.
Gestaltung: Da diese Rose etwas steiftriebig ist, eignet sie sich eher für einen Obelisken. Sofern man sie kleiner hält (bis 2,20 m Höhe), kann sie auch gut frei stehen.

Abb. 3.60 Die Blüten der intensiv duftenden Kletterrose »Ilse Krohn Superior« sind leuchtend weiß, sehr wetterfest und stark gefüllt.

»Compassion«

Züchter: Harkness, 1973 (ADR-Rose)
Wuchshöhe: 150–200 cm, Breite ca. 100 cm
Wuchs: Dicht und breitbuschig, kräftig und steif aufrecht
Blütezeit: Öfterblühend, Juni bis September
Kletterrose

Aussehen: Helles, silbriges Lachsrosa mit gelblich-goldenem Grund. Öfterblühend, fast dauerblühend. Große edelrosenartige, locker gefüllte Blüten (16–35 Blütenblätter) bei guter Blühwilligkeit. Sehr gesundes, glänzend-grünes Laub.
Besonderheiten: Sie wurde für ihren sehr starken, wunderbar würzigen Rosenduft ausgezeichnet. Robuste, gesunde Rose.
Gestaltung: Wenn man sie gespreizt am Rankgerüst zieht, sieht sie wie eine Edelrose aus. Sie macht auch als Strauchrose eine gute Figur (→ Abb. 3.61).

Abb. 3.61 Die edel geformten, dicht gefüllten, großen Blüten und die gesunde Wüchsigkeit machen die »Compassion« zu einer besonders wertvollen Kletterrose.

Abb. 3.62 Die öfterblühende Kletterrose »Laguna« betört alle Sinne durch sehr stark gefüllte Blüten und intensiven, fruchtigen Duft. Sie wurde auf internationalen Rosenschauen mehrfach ausgezeichnet.

»Laguna«

Züchter: Kordes 2004 (ADR-Rose)
Wuchshöhe: 200–300 cm. Breite: ca. 100 cm
Wuchs: Aufrecht-buschig
Blütezeit: Öfterblühend, Juni bis Oktober
Kletterrose

Aussehen: Kräftiges, intensives Pink-Rosa (→ Abb. 3.62), später etwas heller werdend. Öfterblühend. Nostalgische, große Blüte von ca. 10 cm im Durchmesser. Blüten becherförmig, sehr dicht gefüllt – die »Laguna« weist 50 und mehr Blütenblätter auf. Wächst in großen Büscheln, überhängend. Dunkelgrünes, glänzendes, sehr gesundes Laub, mit 7 Fiederblättern.

Besonderheiten: Das Besondere an dieser Rose ist ihr außerordentlich starker, fruchtig-süßlicher, betörender und angenehmer Duft. Sehr robust und widerstandsfähig gegen Mehltau und Sternrußtau. Sehr winterhart. Sollte nicht in praller Sonne stehen, die Blüten sind anfällig für Sonnenbrand.

Gestaltung: Eignet sich gut für Sitzplätze aufgrund ihres besonderen Duftes.

Abb. 3.63 Die für die Fassadenbepflanzung sehr gut geeignete, ofterblühende »Rotfassade« hat halb gefüllte, in Dolden blühende Blüten und gesundes langanhaftendes Laub.

»Rotfassade«

Züchter: Noack 1997 (ADR-Rose 1999)
Wuchshöhe: 200–300 cm
Wuchs: Breitbuschig, starkwüchsig
Blütezeit: Öfterblühend, Juni bis Oktober
Kletterrose

Aussehen: Leuchtendes, warmes Rot mit heller Mitte und gelben Staubgefäßen (→ Abb. 3.63). Öfterblühend ab Juni bis Oktober. Sauber verblühend. Blütengröße ca. 6 cm. Flache, halb gefüllte Blüten (6–15 Blütenblätter) in buschigen Dolden. Glänzendes, fast immergrünes Laub, auch noch im Winter, dann wird es rötlich.

Besonderheiten: Kaum wahrnehmbarer, zarter Duft. Sehr widerstandsfähige, krankheitsresistente Sorte. Verträgt gut Halbschatten, 4–5 Stunden Sonne sind jedoch notwendig.
Gestaltung: Sie ist sehr kräftig in der Basis und verkahlt von unten herauf nicht, was bei anderen Kletterrosen häufig der Fall ist. Die Hagebutten sollten entfernt werden, damit die neue Blüte angeregt wird. Sie eignet sich sehr gut vor Mauern oder Pergolen.

3.11 Ramblerrosen

Abb. 3.64 Ramblerrosen sind wahre Kletterkünstler und werden auch Schlingrosen genannt.

Im Vergleich zu den großblumigen, steifen und öfterblühenden Climbern blühen die Ramblerrosen vorwiegend ein Mal. Es gibt einige wenige, die öfterblühend sind; diese sind leider etwas pilzanfälliger. Deshalb sollten sie luftig stehen. Mit ihren langen, dünnen und biegsamen Trieben schwingen sich diese Kletterrosen leicht in Bäume oder Rankhilfen hinauf. Die Einmalblühenden beginnen oft schon im Juni mit der Blüte und halten diese dann sehr lange, bis zum Juli. Ihre Wuchskraft ist überbordend, z.T. 5–6 Meter hoch und der Wuchs vollzieht sich in einer ungewöhnlichen Geschwindigkeit – bereits im ersten Jahr können sie eine Trieblänge von mehreren Metern erreichen. Sie gedeihen auch im Halbschatten, hier bleichen sie nicht so schnell aus.
Für die Bepflanzung der Hausfassade eignen sich Rambler nicht besonders gut. Falls Sie einen Baum dafür aussuchen, sollte dieser stabil sein, denn das Gewicht eines Ramblers darf nicht unterschätzt werden (→ Abb. 3.64). Auch an starken Zäunen, Rosenbögen oder sonstigen Stützen gedeihen sie gut. Sehr schöne Girlanden von 4–5 Metern bilden Rambler, wenn sie an Tauen entlang zwischen Pfosten oder

Spalieren gezogen werden. Auf diese Weise können Gartenräume strukturiert werden. Auch als Hecke eignen sich Rambler sehr gut; bedenken Sie jedoch, dass diese – bei einem etwa 2 Meter hohen Rambler – einen Platzbedarf von mindestens 2 Metern in die Breite/Tiefe haben müssen. An einem Drahtzaun kann man den Kletterer schmal halten, denn hier ist er gut mit der Astschere in Form zu bringen. Am Zaun sollten die Triebe unbedingt horizontal am Zaungeflecht geführt werden, so entwickelt der Rambler die meisten Blüten.

Mein Rosen-Tipp

Viele besitzen spitze Stacheln, deshalb lieber eine Sorte mit »zarteren Kriegswaffen« aussuchen.

Im Herbst erfreuen die Rambler unser Auge mit orangefarbenen oder rot-glänzenden Hagebutten und im Winter sind sie für die Vögel willkommene und notwendige Nahrung.
Zusammen mit Clematis gepflanzt sind Rambler unschlagbar. Wählen Sie dazu eine robuste Clematis-Sorte aus. Die Wildarten haben zwar kleinere Blüten, jedoch eine größere Robustheit ohne die gefürchtete Clematis-Welke.

Abb. 3.65 Die kleinen, stark gefüllten, gut duftenden Röschen der »Guirlande d'Amour« blühen unermüdlich vom Frühling bis Herbst. Diese ideale Anfängerrose ist ausgesprochen gesund und besitzt schönes, sattgrünes Laub bei guter Winterhärte.

»Guirlande d'Amour«

Züchter: Lens 1993
Wuchshöhe: 300–400 cm. Breite: 100–150 cm
Wuchs: Aufrecht-buschig
Blütezeit: Öfterblühend, Juni bis September
Rambler, auch als Stammrose erhältlich

Aussehen: Reinweiß-leuchtende Blüten bis zum Verblühen, mit sichtbaren Staubgefäßen, ähnlich »Ghislaine de Féligonde«. Öfterblühend, bei starker Blütenfülle, von Juni bis Oktober. Die Blüten sind ca. 4 cm groß. Lockere, dicht gefüllte Blüten (36 und mehr Blüten). Sie wächst kaskadenartig in dichten

Büscheln. Später bildet sie orangefarbene, überhängende Hagebutten aus. Mittelgrünes, glänzendes Laub (→ Abb. 3.65).
Besonderheiten: Leichter, angenehmer Vanilleduft. Gesund und widerstandsfähig gegen Mehltau und Sternrußtau, sehr gute Frosthärte. Für Halbschatten geeignet, jedoch sollten 4–5 Sonnenstunden gegeben sein. Sie verkahlt von unten her nicht. Gut beherrschbar im Wuchs.
Gestaltung: Nach der ersten Blüte sollte Verblühtes entfernt werden. Passt sehr gut an Rosen- oder Torbögen sowie kleinere Bäume oder über Sträucher. Sie eignet sich auch als frei stehende Rose. Auch als Hochstämmchen erhältlich.

»Paul Noel«

Züchter: Tanne 1913
Wuchshöhe: 300–400 cm. Breite: ca. 100 cm
Wuchs: Aufrecht
Blütezeit: Einmalblühend mit Nachblüte, Juni bis September
Rambler, auch als Stammrose erhältlich

Abb. 3.66 Gelblich-rosafarbene, dicht gefüllte, gewirbelte Rosettenblüten, die im Aufblühen leicht zerzaust wirken, zeichnen die Rose »Paul Noel« mit mittelgroßen Blüten aus. Sie blüht ein Mal, mit guter Nachblüte.

Aussehen: Rosé- bis apricotfarben. Einmalblühend, aber sehr reichlich blühend. Z. T. bringt sie noch eine schwächere Nachblüte hervor. Große Blüten, ca. 9–10 cm im Durchmesser. Wunderschöne, dicht gefüllte, gewirbelte Rosettenblüte (36 und mehr Blütenblätter, → Abb. 3.66) mit romantischem Charakter. Überreiche Blüte, in dichten Büscheln. Schönes, dunkelgrün glänzendes Laub und stachelige Stiele.
Besonderheiten: Sehr guter, fruchtig-frischer Duft. Robuste, gesunde Rose, kaum anfällig für Mehltau oder Sternrußtau, sofern sie luftig steht. Halbschattenverträglich, benötigt jedoch mindestens 4–5 Stunden Sonne. Winterschutz ist sinnvoll in raueren Lagen.
Gestaltung: Sehr schön für Pergolen, Rosenbögen und Zäune, als Kaskadenrose und vor allem an der Terrasse wegen ihres Dufts. Sie muss nicht häufig geschnitten werden; nur alte, trockene Triebe bodennah entfernen.

Abb. 3.67 Die öfterblühende »Christine Hélène« wurde als Zufallssämling in einem Privatgarten gefunden. Die zart duftenden Blüten sind halb gefüllt, die dottergelben Knospen zeigen gelbe Staubgefäße.

»Christine Hélène«

Züchter: Meile/Schultheis 2005
Wuchshöhe: 300–500 cm
Wuchs: Buschig
Blütezeit: Öfterblühend, Mai bis Herbst
Rambler

Aussehen: Aprikosengelb, am Rand später cremeweiß aufhellend. Öfterblühend, fast dauerblühend und sehr wuchsfreudig. Blütengröße ca. 3–4 cm im Durchmesser, halb gefüllte Blüten (6–15 Blütenblätter, → Abb. 3.67 und Abb. 3.68). Lange, dichte, kaskadenartige Blütenrispen mit großen Blütenbüscheln. Mittelgrüne Belaubung und wenig Stacheln.

Besonderheiten: Angenehmer, leicht herber Duft. Zarterer Wuchs als bei den sonstigen Ramblern und gut zu bändigen. Gedeiht auch im Halbschatten und auf mageren Böden. Sehr winterhart und robust.

Gestaltung: Passt gut für die Pergola, als Kaskadenrose über einer Stütz-Pyramide und Zäune (hier benötigt sie jedoch zusätzliche Stütze).

Abb. 3.68 Die zart duftenden Blüten sind halb gefüllt, die dottergelben Knospen zeigen gelbe Staubgefäße.

»Momo«

Züchter: Noack 1994
Wuchshöhe: 200–300 cm
Wuchs: Aufrecht, breitbuschig, kräftig
Blütezeit: Öfterblühend, Mitte Juni bis Oktober
Rambler, auch als Stammrose erhältlich (Kaskadenbäumchen)

Abb. 3.69 »Momo«, eine der wenigen öfterblühenden Rambler, blüht überreich an langen Rispen mit karmesinroten, kleinen, gefüllten Blüten. Das feine Laub färbt sich im Herbst sehr schön dunkel purpur.

Aussehen: Dunkles, kühles Fuchsiarot (→ Abb. 3.69). Öfterblühend von Juli bis Oktober. Sehr blühwillig, guter Dauerblüher, füllt die Blühpause innerhalb der Rosenblüte. Ca. 4 cm große, dicht gefüllte, kugelförmige Blüten (36 und mehr Blütenblätter). Aufrechter Wuchs. An zarten Trieben bildet sie dichte Rispen mit großen Blütenbüscheln, die Zweige hängen in Bögen über, breitbuschiges Erscheinungsbild. Dunkelgrünes, ledriges, glänzendes, zierliches Laub, das bis zum Frühling anhaftet. Es färbt sich im Herbst dunkelrot. Anhängliche Stacheln.
Besonderheiten: Duftet kaum wahrnehmbar. Sehr robust und gesund, verträgt Hitze und ist regenfest. Wenig Schnittarbeiten, nur das alte Holz muss entfernt werden. Im Winter ist Winterschutz (abdecken mit Reisig) bei voller Belaubung sinnvoll.
Gestaltung: Schön als Hecke, aber auch Spaliere, Pergolen und Hauswände sind ein guter Platz. Besonders schön als Kaskadenbäumchen. Dieser Rambler sollte aufgebunden oder gestützt werden.

Abb. 3.70 Im Herbst bilden sich kleine, runde, leuchtend orangefarbene Hagebutten.

Abb. 3.71 Der Begriff der Stammrosen bezieht sich auf eine spezielle Art der Rosenveredlung. Geeignete Rosensorten werden nicht in Bodennähe, sondern auf eine bestimmte Stammhöhe veredelt. Damit legt der Rosengärtner die Höhe der Krone fest.

3.12 Stammrosen

Als Stammrosen werden Rosen aller Rosensorten bezeichnet, die auf einen Hochstamm okuliert werden (→ Abb. 3.71). Mit Stammrosen kann man – ähnlich wie mit Kletterrosen, Climbern oder Ramblern – den Garten in der Höhe strukturieren. Wir haben die Blüte und den Duft praktisch »direkt vor unseren Augen und vor unserer Nase«. Stammrosen können straff aufrecht, aber auch überhängend blühen; die schönsten Hochstammrosen sind jedoch überhängend. Diese schwingenden Blütenkaskaden auf einem relativ dünnen Stamm sind einfach bezaubernd. Sie wirken wie blühende Obstbäume – und das öfterblühend, mit z.T. wunderbarem Duft. Mit einer schirmförmigen Stütze (im Handel erhältlich) kann man ihnen helfen, die Blütenfülle im Zaum zu halten.

Es gibt verschiedene Stammhöhen (Tab. 3.1).

Tab. 3.1 Stammhöhen

Bezeichnung	Höhe	Eignung
Fußstamm	unter 50 cm	für niedrige Beetrosen
Halbstamm	ca. 50 cm	Beet- oder Flächenrosen, z.T. Edelrosen
Hochstamm	ca. 90 cm	hierfür eignen sich fast alle Rosenklassen
Kaskadenstamm	100–150 cm	Strauch- oder Beetrosen mit überhängendem Wuchs, Climber oder Rambler

Die Stammrose ist »bodenfern«, d.h. die Pilzsporen, die sich im Boden befinden, benötigen einige Zeit, bis sie nach oben wandern. Deshalb bleiben diese Rosen meistens bis in den Spätsommer von Sternrußtau, Rosenrost oder Schwarzfleckigkeit verschont.

Gestaltung: Stammrosen benötigen wenig Platz; im Vorgarten wirken sie ebenso schön wie im Topf oder in einem Buchsbaumrondell, im straff gegliederten Bauerngarten oder als flankierende Wegeinfassung. In naturnahen, wilden Gärten sind sie eher fehl am Platz, da sie – trotz ihrer Blütenfülle – straff und aufrecht wie preußische Soldaten aussehen.

Zapfenschnitt- und Veredelungsstelle: Stammrosen bestehen aus zwei verschiedenen Rosenpflanzen, die miteinander veredelt wurden. Unten am Stamm befindet sich die Zapfenschnittstelle; diese muss nach dem Pflanzen unbedingt über dem Boden bleiben, denn hier handelt es sich nicht um die Veredelungsstelle. Diese befindet sich am oberen Ende des Stammes, vor der Krone. Da die Veredelungsstelle durch ihre Lage ungeschützt und deshalb extrem frostgefährdet ist, benötigt sie immer einen speziellen Winterschutz: Stammrosen sollten vor dem Winter vorsichtig zur Erde gebogen und fixiert werden. Dies geht meistens nur bei jungen Stammrosen. Achten Sie deshalb bereits beim Pflanzen auf die Umlegerichtung – sie müssen genügend Platz dafür freilassen.

Winterschutz: Weiche Triebe und Knospen werden abgeschnitten und die Rose entlaubt. Wichtig: Vor dem Verankern säubern Sie die Erde von herumliegenden Blättern, ansonsten könnte Fäulnis der Krone stärker zusetzen als der Winter. Dann binden Sie den Stamm vom Stützpfahl ab und biegen die Krone **über** die Zapfenschnittstelle am unteren Stamm vorsichtig zum flachen Boden (keine Mulde machen à Fäulnisgefahr). Bitte nicht in die Gegenrichtung der Zapfenschnittstelle biegen, sonst bricht der Stamm. Nun verankern Sie den Stamm nahe der Krone mit einem U-förmigen Haken oder einer Astgabel. Anschließend werden Krone und Stamm mit Erde bedeckt. Sinnvoll ist es, eine zusätzliche Reisigschicht obenauf festzustecken, denn Amseln »häufeln« sehr schnell ab, sodass der Schutz nicht gewährleistet ist.

Bei älteren Stammrosen ist der Stamm oft nicht mehr biegsam. Hier werden Stamm und Krone mit Reisig, Schilf oder Stroh eingebunden. Bitte kein Vlies und keine Noppenfolie verwenden; darunter entsteht Wärme und es kommt dadurch zu Frostschäden. Es gibt neuere, sehr gute »Verpackungen«, nämlich sogenanntes »Wintervlies«.

Mein Rosen-Tipp

- Bitte achten Sie darauf, dass die Befestigungen bei Wind nicht scheuern. Bei Kübelpflanzung ist Wind immer problematisch.
- Wenn Ihre Stammrose am Stamm Wildtriebe entwickelt, entfernen Sie diese mit einem sauberen, scharfen Messer vorsichtig direkt am Stamm. Die wilden Triebe entziehen sonst der Rose zu viel Kraft.
- Bei Stammrosen sollte die Unterpflanzung flach gehalten werden, sonst kommen sie nicht richtig zur Geltung. Flache Beet- oder Bodendeckerrosen wirken darunter wunderschön.

»Hella«

Züchter: Kordes' Söhne 2009 (ADR-Rose)
Stammhöhe: 140 cm, Kronenbreite ca. 100 cm, Trauerstamm
Wuchs: Auf Stamm veredelte Kletterrose, buschig überhängend
Blütezeit: Öfterblühend, Juni bis Frost

Aussehen: Reinweiß, mit goldgelben Staubgefäßen (→ Abb. 3.72). Sehr blühfreudig. Halbgefüllte Schalenblüten (6–15 Blütenblätter) von ca. 9 cm Durchmesser. Überhängender, kaskadenartiger Wuchs.

Besonderheiten: Leichter, angenehmer Duft. Höchste Blattgesundheit, sie regeneriert sich aus eigener Kraft. Sehr widerstandsfähig für eine reinweiße Rose.

Gestaltung: Mit einer Unterpflanzung aus niederen Beetrosen, Polstergoldlack oder Polsterglockenblumen sehen die Kaskadenstämme wunderschön aus. Sie passen auch in den kleinen Garten, Vorgarten oder in einen ausreichend tiefen Topf auf die Terrasse.

Abb. 3.72 Die großen, reinweißen, halb gefüllten Blüten der »Hella« umranden die goldgelben Staubgefäße in der Blütenmitte. Die öfterblühende Sorte ist sehr blühreich und robust.

»Garden of Roses«

Züchter: Kordes' Söhne 2006 (ADR-Rose)
Stammhöhe: 60 oder 90 cm. Kronenbreite ca. 50 cm
Wuchs: Aufrecht-buschig, sehr kompakt
Blütezeit: Öfterblühend, Juni bis Oktober

Aussehen: Zartes, cremiges Pastellrosa, ins Apricot übergehend mit cremeweißem Rand (→ Abb. 3.73). Öfterblühend und sehr blühwillig. Blütendurchmesser ca. 7 cm, nostalgische, dicht gefüllte Blüten (36 und mehr Blütenblätter). Dunkelgrünes, stark glänzendes Laub.

Besonderheiten: Zarter Duft. Widerstandsfähig gegen Pilzerkrankungen. Sie ist regenfest und hitzebeständig und zeigt eine gute Winterhärte.

Gestaltung: Gut für kleinere Gärten oder Kübelbepflanzung geeignet.

Abb. 3.73 Die »Garden of Roses« ähnelt den Englischen Rosen durch das cremige Lachs- bis Pastellrosa, die dicht gefüllten Blütenblätter sowie die viergeteilt angeordneten Kronblätter. Da sie zierlich, aber kompakt wächst, eignet sie sich gut für kleine Gärten und Kübel.

Abb. 3.74 Von den Berlinern wird die auffallende dunkelorangefarbige Beetrose liebevoll »Goldelse« genannt – in Anlehnung an die Bronzeskulptur »Victoria mit dem Lorbeerkranz« auf der Siegessäule. »Goldelse« besticht durch ihre Farbe sowie die dicht gefüllten, gewellten, großen Blütenblätter.

»Goldelse«

Züchter: Tantau 1999
Stammhöhe: 60 oder 90 cm
Wuchs: Dichtbuschig, kompakt
Blütezeit: Öfterblühend, Juni bis September/ Oktober

Aussehen: Kupfergelb bis dunkles Orange, später aufhellend. Öfterblühend und blühwillig. Gefüllte Blüte (16–35 Blütenblätter) mit ca. 8–10 cm im Durchmesser von nostalgischer Blütenform (→ Abb. 3.74). Dunkelgrünes, glänzendes und robustes Laub. Wächst buschig-breit und kompakt.

Besonderheiten: Fruchtiger, angenehmer, leichter Duft. Dichte Blütenbüschel. Sehr gesund und regenfest. Ausgesprochen winterhart und hitzeverträglich.

Gestaltung: Sehr schön im kleinen Garten, Vorgarten oder als Kübelpflanze. Weiße oder gelbe Unterpflanzungen bringen zusätzliche Leuchtkraft, z.B. weißes Hornkraut (Cerastium Tomentosum) oder gelber Polstergoldlack.

Abb. 3.75 Die »Schöne Koblenzerin« hat kleine, dicht gefüllte, edelrosenartige Blüten. Die einzelnen Dolden entwickeln bis zu 12 Blüten und bieten ein interessantes Farbspiel: Von rot über mittelrot bis cremig-weiß.

»Schöne Koblenzerin«

Züchter: Kordes' Söhne 2011 (ADR-Rose)
Stammhöhe: 90 cm (aus einer sehr dicht wachsenden Beetrose gezogener Hochstamm)
Wuchs: Aufrecht-buschig, kompakt
Blütezeit: Öfterblühend, Juni bis September

Aussehen: Kräftiges Rot. Bei Kälte rote bis cremeweiße Blüten, bei Sonne rosa bis cremeweiß. Die äußeren Blütenblätter sind cremeweiß behaucht. Öfterblühend. Edelrosenartige Blüte von ca. 4 cm Durchmesser, dicht gefüllte Blüten (36 und mehr Blütenblätter, → Abb. 3.75). Sehr blühwillig in Dolden mit bis zu 12 Blüten bei kräftigem und kompaktem Wuchs. Dunkelgrünes, sehr gesundes Laub.

Besonderheiten: Ungewöhnliches, wunderschönes Farbspiel. Blüht sauber ab. Sehr gute Selbstheilung bei Pilzkrankheiten. Nicht duftend. Widerstandsfähige, frostharte, gesunde Rose.

Gestaltung: Sieht wunderschön als Solitärpflanze in einem Buchsbaumrondell aus. Die Unterpflanzung sollte in dezenten Farben gewählt werden, hellgrün, weiß oder grauweiß, damit diese Schönheit durch nichts beeinträchtigt wird.

3.13 Strauchrosen

Eigentlich sind alle Rosen »Sträucher«. Es gibt einmalblühende und öfterblühende Strauchrosen (→ Abb. 3.76).

- **Einmalblühende:** Sie werden unter dem Begriff »Park- und Moosrosen« gehandelt und unter diesen sind auch die Wildrosen teilweise mit einbezogen. Zu den einmal-blühenden gehören die Alten Rosen, wie die Gallicarosen, Albarosen und Zentifolien. Mittlerweile gibt es von den Alten Rosen Züchtungen, die öfters blühen.
- **Öfterblühende**: Zu den öfterblühenden Sorten (remontierenden Sorten) werden die Bourbon-, Remontant- und Portlandrosen, aber auch einige Damaszenerrosen und Moosrosen gezählt.
- **Öfterblühende-Dauerblühende:** Diese werden unter dem Begriff »dauerblühende Strauchrosen« oder »Zierstrauchrosen« geführt. Auch die »Englischen Rosen« werden bei den Strauchrosen mit eingeordnet. Die modernen Strauchrosen blühen öfters und unermüdlich bis zum Spätherbst, während ihre Blätter sehr unempfindlich sind. Sie wirken sehr gut in der Gruppe, aber auch einzeln. Sogar eine Heckenbepflanzung – bei gutem Standort – ist möglich. Zum Teil duften sie sehr gut.

Abb. 3.76 Als Strauchrosen bezeichnet man besonders wüchsige und starktriebige Rosensorten. Sie erreichen meist eine Höhe von mindestens 120 bis zu 200 cm.

Abb. 3.77 Die nostalgisch anmutende »Eden-Rose 85« hat sehr große, stark gefüllte Blüten mit leicht fruchtigem Duft in ganz zartem, seidigem Rosé. Sie blüht fast durchgehend und ist regen- und hitzeverträglich.

»Eden-Rose 85«

Züchter: Meilland/Strobel 1985
Wuchshöhe: 150 cm
Wuchs: Kräftig, aufrecht, buschig
Blütezeit: Öfterblühend, Juni bis Oktober

Aussehen: Weiß bis cremeweiß mit hellrosa Rand. Die Knospen spielen ins Weiß-Grünliche mit rötlich getönten Spitzen. Öfterblühend. Ballonförmige, dicht gefüllte Blüten (36 und mehr Blütenblätter) von ca. 11 cm Durchmesser. Romantische, nostalgische Rose mit üppiger, reicher Blütenfülle (→ Abb. 3.77) und überhängendem Wuchs. Glänzendes, dunkelgrünes, dichtes Laub, wenig Stacheln.
Besonderheiten: Zarter Duft. Sehr robuste und pilzresistente Rose mit regenfesten Blüten, allerdings benötigt sie im Winter einen guten Frostschutz.
Gestaltung: Sie kann sehr gut als Solitärrose stehen, aber auch in der Gruppe wirkt sie sehr schön. Leider viel zu selten pflanzt man sie als Blütenhecke. Auch als kleinere Kletterrose mit einer Kletterhilfe eignet sie sich und natürlich auch als Kübelpflanze. Sehr schöne Schnittrose für die Vase.

Abb. 3.78 Die nostalgischen Blüten von »Cinderella« sehen aus wie zartrosa Porzellan. Reichliche Blüte, kräftiges und gesundes Wachstum zeichnen diese wunderschöne Rose aus.

»Cinderella«

Züchter: Kordes' Söhne, 2003
Wuchshöhe: ca. 150–170 cm
Wuchs: Bogig überhängend
Blütezeit: Öfterblühend, Juni bis September

Aussehen: Zartes, pastellig-pudriges Rosa, wie feines Porzellan. Buschig-aufrechter Wuchs, z.T. bogig überhängend. Sehr reichlich und öfterblühend. Ballförmige, geviertelte Blüte von ca. 10 cm Durchmesser, dicht gefüllt (36 und mehr Blütenblätter). Sie ähnelt den historischen Rosen (→ Abb. 3.78). Mittelgroßes, dunkelgrünes, stark glänzendes und dichtes Blattwerk.
Besonderheiten: Feiner, fruchtiger, zartsüßlicher Rosenduft. Z.T. etwas regenanfällig (Blütenblätter kleben bei Dauerregen

zusammen). Ansonsten eine sehr robuste Rose, die auch einen weniger anspruchsvollen Standort toleriert.
Gestaltung: Schön als Kletterrose, aber auch einzeln oder in Gruppen und am Sitzplatz verströmt sie ihren wunderbaren Duft. Gute Schnittrose für die Vase.

»Lichtkönigin Lucia«

Züchter: Kordes' Söhne 1966 (ADR-Rose)
Wuchshöhe: 150 cm–200 cm
Wuchs: Straff aufrecht, kompakt, buschig verzweigt
Blütezeit: Öfterblühend, Ende Mai bis Frost

Aussehen: Strahlendes Gelb, von Sonnengelb bis Zitronengelb mit dunkleren Staubgefäßen. Öfterblühend und unermüdlich blühend. Etwa 8–10 cm große, gefüllte und gewellte Blüten (16–35 Blütenblätter, → Abb. 3.79), die lange halten. Sie wächst buschig-aufrecht mit mittelgroßen Blütenbüscheln. Kräftig sattgrünes Laub, ledrig und glänzend (→ Abb. 3.80).
Besonderheiten: Sehr angenehmer, leicht herber Duft. Sie blüht z.T. noch im Dezember (»Lucia-Tag«). Eine frostharte, sehr gesunde Rose, eignet sich für problematischere Standorte.
Gestaltung: Sogar im Halbschatten und in Nordlagen blüht sie gut. Sehr schöne Solitärpflanze vor dunklem Hintergrund, aber auch in Gruppen oder als Hecke verwendbar.

Abb. 3.79 Die Blüten der »Lichtkönigin Lucia« sind gefüllt und man sieht die dunkelgelben Staubgefäße. Anfangs erstrahlt sie in Goldgelb, das später in Zitronengelb übergeht. Sie ist eine der beliebtesten öfterblühenden, gelben Strauchrosen mit unvergleichlichem Duft.

Abb. 3.80 Die gefüllten Blüten der »Lichtkönigin Lucia« erscheinen oft schon Ende Mai und hüllen den Strauch nach und nach ganz in Gelb.

Abb. 3.81 und Abb. 3.82
Die zyklamfarbene, öfterblühende »Rose de Resht« gilt als eine der besten Alten Rosen, da sie pflegeleicht ist und lange und reichlich blüht. Ihre rosettenförmigen, dicht gefüllten Blüten duften unvergesslich stark.

»Rose de Resht«

1950 eingeführt (Herkunft ungewiss, vor 1880)
Wuchshöhe: 100–120 cm
Wuchs: Aufrecht, gedrungen, buschig
Blütezeit: Öfterblühend, Juni bis September
»Alte Rose«

Aussehen: Zyklam- bis purpurrot, beim Verblühen geht sie ins Lila über. Öfterblühend und breitbuschig wachsend. Sie gehört zu den »Alten Rosen«. Die Blüte misst ca. 7 cm im Durchmesser. Wunderschöne pompon- bis rosettenförmige, dicht gefüllte Blüten (36 und mehr Blütenblätter). Robustes, dunkelgrünes Laub mit vielen kräftigen Stacheln (→ Abb. 3.81 und Abb. 3.82).
Besonderheiten: Angenehmer, süßlich bis herber Duft. Gute Gesundheit, sehr frosthart und regenfest. Benötigt sehr guten Boden. Der Standort sollte sonnig bis halbschattig sein.
Gestaltung: Schöne Solitärpflanze im kleinen Garten, aber auch Hecken und Gruppenbepflanzung ist möglich. Wird sie in der Nähe des Sitzplatzes gepflanzt, ist Wohlgeruch auf der Terrasse garantiert. Sie ist eine unempfindliche »Anfänger-Rose«.

3.14 Wildrosen und Parkrosen

Abb. 3.83 Wildrosen sind grundsätzlich Sträucher, die ungefüllte Blüten mit fünf Kronblättern haben. Die Blüten haben zahlreiche Staubgefäße in der Mitte. Aus ihnen entwickeln sich fleischige Hagebutten.

Wildrosen – mit einer Wuchshöhe von 1–5 Meter – sind die Urahnen aller Gartenrosen und gehören zur Gruppe der Strauchrosen. Wenn Sie einen naturnahen, großen Garten oder sogar einen Park Ihr Eigen nennen, entdecken Sie vielleicht Ihre Liebe zu diesen stacheligen »Wilden«. Durch ihre schlichte Blütenform und die zarten Blütenblätter haben sie einen zarten Charme. Sie warten mit ungewöhnlich starker Blütenfülle auf. Außerdem sind sie sogar bei mageren Böden anspruchslos, robust, pflegeleicht und wenig krankheitsanfällig, auch ohne Winterschutz. Sie sind einmalblühend, bis auf wenige Frühlingsrosen, die nachblühen können. Alle zwei bis drei Jahre benötigen die Wildrosen (➔ Abb. 3.83) einen Rückschnitt.

Einige von ihnen haben einen unnachahmlichen, starken, betörenden Duft. Ich erinnere mich besonders gerne an einen Ostsee-Urlaub im Juni, wo unter unserem Balkon die »Rosa rugosa Foxi« blühte. Schon das Frühstück war ein Dufterlebnis.

Abb. 3.84 Viele Insekten, insbesondere die Biene schätzen den Nektar der Wildrosen.

In wahre Duftschwaden hüllte sie uns jedoch abends, nachdem tagsüber die Sonne auf diese Rosenhecke geschienen hatte. Wildrosen benötigen viel Platz, sie beanspruchen Weite. Sie können zwei bis drei Meter an Höhe gewinnen und auch in der Breite so ausladend sein. Bei den Parkrosen sind vier bis fünf Meter in Höhe und Breite keine Seltenheit. Eine undurchdringliche »Dornröschen-Hecke« ist damit gewährleistet; sie wehrt zweibeinige und vierbeinige Eindringlinge ab. In Rabatten sind sie nicht empfehlenswert, weil sie gerne zu Wildwuchs neigen. Den Bienen, Wildbienen, Schmetterlingen und Hummeln sowie unzähligen weiteren Insekten bieten sie beste Nahrung (→ Abb. 3.84). Außerdem finden Vögel darin Schutz; ihre Nester sind in den bestachelten Zweigen sicher. Fulminant geht es im Herbst noch mal richtig »zur Sache«: Die prächtigen Hagebutten sind ein großes Gestaltungselement für unseren Garten sowie für florale Gestecke. Die Vögel benötigen die Hagebutten im Winter als Futter. Uns Menschen mundet die vitaminreiche Hagebuttenmarmelade, sofern wir uns nicht vor dieser Arbeit scheuen, die unsere feinmotorischen Fähigkeiten herausfordert.

Abb. 3.85 Die ursprünglich aus Ostasien stammende Polyantha-Rose »Rosa Multiflora« ist übersät mit kleinen, weißen, einfach gefüllten Blüten mit gelben Staubgefäßen.

»Rosa Multiflora« (Vielblütige Rose)

Ursprung in Japan und China
Wuchshöhe:. 200–300 cm. Breite ca. 200 cm
Wuchs: Bogig überhängend, breit wachsend, vielblütig
Blütezeit: Einmalblühend, teilweise auch öfterblühend; Juni bis August
Wildrose, hohe Strauchrose oder Rambler

Aussehen: Reines Weiß mit gelben Staubgefäßen (→ Abb. 3.85). Einmalblühend, sehr reich blühend, z.T. mit einer Nachblüte. Blüte ca. 2 cm im Durchmesser, einfach gefüllt (4–5 Blütenblätter). Aufrechter, ausladender Wuchs. Sie blüht bogig überhängend, in dichten Blütenbüscheln mit sehr vielen Blüten. Sattgrünes, matt glänzendes Laub, das sich im Herbst braun-rot färbt.

Besonderheiten: Sehr gesunde Rose, mehltau- und sternrußtauresistent. Wunderbarer, süßlicher Honigduft, also eine wunderbare Bienen- und Insektenweide. Die Hagebutten erscheinen an kräftigen Rispen und haften lange an.
Gestaltung: Sehr schön als Solitärpflanze, aber auch in Gruppen oder als Heckenbepflanzung.

Abb. 3.86 und Abb. 3.87
Die halb gefüllten Blüten der »Rosa Rugosa Foxi« in verschiedenen Rosatönen verströmen einen starken, aber nicht zu aufdringlichen Rosenduft. Die widerstandsfähige, gesunde Rose blüht zwei Mal und eignet sich auch für magere Böden.

»Rosa Rugosa Foxi«

Züchter: Uhl 1989 (ADR-Rose)
Wuchshöhe: 50–110 cm
Wuchs: Buschig, breit wachsend
Blütezeit: Einmalblühend, Mai bis Juni, Nachblüte im Oktober
Rosa-Rugosa-Hybride, Kartoffel-Rose

Aussehen: Hellrosa bis karminrosa. Wunderschöne, dichte, goldgelbe Staubgefäße. Zweimal blühend, im Mai/Juni und mit schwächerer Nachblüte im Oktober. Mittelgroße Blüte, ca. 4–5 cm, halbgefüllt (6–15 Blütenblätter). Sattgrünes Laub, dichte, borstige Stacheln (→ Abb. 3.86 und Abb. 3.87).
Besonderheiten: Sehr starker, wunderbarer Rosenduft, der Bienen, Hummeln und andere Insekten anzieht. Eine gesunde, frostharte, sehr widerstandsfähige Rose. Sie wächst auch auf ärmeren, sandigen Böden, allerdings darf der Boden nicht zu sauer sein, sonst färben sich die Blätter gelb (Chlorose). Halb-

schatten verträgt sie gut, bei mindestens 4–5 Stunden Sonne. Sehr große, orangerote Hagebutten.

Gestaltung: Kann in Gruppen als Bodendecker gepflanzt werden, aber auch vor höhere Wildrosenhecken.

Abb. 3.88 und Abb. 3.89
Meist stehen die pinkfarbenen, zart duftenden, einfach gefüllten Blüten der »Rosa Majalis« in großen Büscheln. Sie blüht nur ein Mal, jedoch bereits im Mai und über lange Zeit.

»Rosa Majalis«

Herkunft: Mittel- u. Osteuropa, Skandinavien, Sibirien; seit 1600 in europäischen Gärten
Wuchshöhe: 150–200 cm
Wuchs: Aufrecht bis leicht überhängend
Blütezeit: Einmalblühend, Mai bis Juni
Wildrose, die auch als »Mai-Rose« oder »Zimt-Rose« bezeichnet wird

Aussehen: Zartes Karminrot bis ins helle Pink, fein durchzogen von dunkleren Adern. Einmalblühend im Mai/Juni. Kleine, einfach gefüllte Blüten (4–5 Blütenblätter, → Abb. 3.89). Blüten an braunen, dünnen Zweigen, vereinzelte Stacheln. Aufrechter, dichter Wuchs. Mattgrünes Laub.

Besonderheiten: Zarter Zimtduft. Sehr gute Gesundheit bei starker Frosthärte. Geeignet für Halbschatten, auch gut wachsend in feuchtem oder trockenem Standort. Ausläuferbildend.

Gestaltung: Gute Eignung für Hecken und Böschungen in naturnahen Gärten. Die scharlachroten, ovalen, mittelgroßen Hagebutten sind sehr vitaminreich und reifen früh.

»Rosa pimpinellifolia«, »Red Nelly«, »Bibernell-Rose«, »Dünen-Rose«

Züchter: Von Kordes eingeführt, unbekannte Herkunft
Wuchshöhe: 100–150 cm
Wuchs: Breitbuschig
Blütezeit: Einmalblühend, Mai bis Juni
Wildrose, Pimpinellifolia-Hybride, Bibernell-Rose

Aussehen: Samtiges Kirschrot mit sehr schönen, golbgelben Staubgefäßen, die wie kleine Kronen herausragen. Einmalblühend. Reichliche, frühe Blüte, bereits im Mai/Juni. Mittelgroße Blüte von ca. 4–5 cm Durchmesser, einfach gefüllt (4–5 Blütenblätter, → Abb. 3.90). Feingliedriges, mittelgrünes Laub, das sich im Herbst orangerot einfärbt. Dichte Stacheln.
Besonderheiten: Süßer, angenehmer Duft. Sehr gesunde, robuste Wildrose, die frosthart und regenfest ist. Widerstandsfähig in raueren Lagen und auch für ärmere Böden geeignet. Besonderheit: Schwarze Hagebutten im Herbst.
Gestaltung: Eignet sich sehr gut als Hecke.

Abb. 3.90 »Rosa pimpinellifolia«, »Red Nelly« ist eine Kleinstrauchrose. Ihre kleinen Blüten sind samtig-kirschrot, einfach gefüllt mit goldgelben Staubgefäßen. Sie blüht sehr früh (Mai/Juni) mit süßem Duft. Eignet sich für raue Lagen und ärmere Böden.

Abb. 3.91 Die »Red Nelly« hat einen ausgesprochenen Wildrosencharakter und eignet sich sehr gut als Hecke.

4. Rosen homöopathisch behandeln

Abb. 4.1 Aus den homöopathischen Globuli und Wasser wird in einem bestimmten Mischungsverhältnis das Arzneiwasser hergestellt.

Damit Sie Ihre Rosenpracht in vollen Zügen genießen können, lernen Sie nun, die diversen Krankheiten und Schädlinge Ihrer Rosen mit klassischer Homöopathie (→ Abb. 4.1) zu behandeln. Die homöopathische Behandlung belastet unsere Umwelt in keinster Weise. Außerdem werden Ihre Rosen im Lauf der Zeit robuster und werden dadurch weniger arbeitsintensiv. Bei konventioneller Behandlung Ihrer Rosen müssen Sie in der Regel alle 14–21 Tage ein chemisches Pflanzenschutzmittel einsetzen, damit sie auch im September noch sehr gesund aussehen und v.a. noch ein schönes Blattwerk haben.

Wenn Sie neu pflanzen oder Ihre Rosen schon ein paar Jährchen auf dem Buckel haben, wenn diese vielleicht nicht besonders robust sind oder kein ADR-Gütesiegel aufweisen, Sie zudem ohne Chemie auskommen wollen, kann der homöopathische Einsatz weiterhelfen. Allerdings sollten wir uns von der Vorstellung lösen, dass unsere Rosen im September immer noch so aussehen, als hätten wir sie eben im Laden gekauft. Trotz homöopathischer Behandlung gibt es dann eben bei anfälligeren Sorten Rosenrost oder Sternrußtau. Leider ist das auch – je nach Witterung – bei den widerstandsfähigeren Rosen der Fall.

Das ist nach einem nassen oder schwül-warmen Sommer ganz normal. (Auch wenn Sie konventionell behandeln, ist dies in nassen Sommern unvermeidbar).
Doch Sie können diesem Ablauf ein Schnippchen schlagen: Beginnen Sie bereits im Winter oder zeitigen Frühjahr mit der homöopathischen Vorbeugung (→ Kap. 4.4). Dann treten Rosenkrankheiten – wenn überhaupt – deutlich später im Jahr auf. Ihr Garten kommt nicht mit chemischen Pflanzenschutzmitteln in Berührung, Ihre Kinder, Haustiere, Vögel und Insekten sowie der Boden und das Grundwasser bleiben unbelastet. Falls Sie bis heute den Umweltgedanken als nicht besonders wichtig empfanden, wird wenigstens Ihr Geldbeutel geschont. Die homöopathische Behandlung ist sehr preisgünstig, da nur eine ganz geringe Anzahl Globuli (Kügelchen) benötigt wird: So kostet beispielweise das homöopathische Arzneipräparat zur Herstellung von ca. 30 Liter Arzneiwasser zwischen 0,10 € und 0,17 €, je nach Arzneimittel. Das ist sehr preisgünstig, wenn man bedenkt, wie aufwändig, arbeits- und zeitintensiv die Herstellung von homöopathischen Arzneimitteln ist.
Die homöopathisch behandelten Rosen haben einen weiteren großen Vorteil: Sie können aus den Blüten allerlei Köstlichkeiten zaubern – Rosengelee, Rosentorte, Rosenzucker oder Rosenseife, etc. Und dies ohne schlechtes Gewissen, dass eventuelle chemische Rückstände darin enthalten sein könnten. Auch der Blumenstrauß im Zimmer »dünstet« keine Chemie aus.

Abb. 4.2 Es gibt auch spezielle Rosenschädlinge, wie Ameisen, die Rosenkrankheiten verursachen.

4.1 Rosenkrankheiten

Bei den meisten Rosenkrankheiten (→ Abb. 4.2) handelt es sich um Pilzkrankheiten, die sich bevorzugt bei zuviel Nässe, Kälte aber auch durch zu viel Hitze entwickeln. Ein guter, sonniger und luftiger Standort, tiefgründiger, lehmhaltiger Boden mit einem pH-Wert zwischen 6,5 und 7,5 schaffen ideale Bedingungen für unsere Rosen (→ Kap. 1.2). Trotzdem kann es in kalten, nassen Sommern oder nach Stress durch Hitze,

Trockenheit oder sonstige Wetterkapriolen zu Pilzkrankheiten kommen. Gut ist es, im Rosenbeet immer wieder den Boden zu »durchlüften« (→ Kap. 2.3). Hier ist Handarbeit angesagt. Außerdem: kranke, befallene Blätter entfernen und anschließend verbrennen oder in die Bio-Tonne geben.

Echter Rosenmehltau (Podosphaera pannosa)

Abb. 4.3 Das weißliche Pulver des Echten Rosenmehltaus auf der Blattoberseite ist abwischbar.

Schadbild: Echter Rosenmehltau sitzt als weißer, später rötlich-bräunlicher Belag auf der Blattoberseite und kann abgewischt werden (→ Abb. 4.3). Die Blätter verbräunen und vertrocknen, die Knospen können sich nicht öffnen. Das Wachstum der Rose wird dadurch von Jahr zu Jahr schwächer.
Ursache: Echter Mehltau ist ein Pilz, der nicht durch Feuchtigkeit, sondern durch schönes Wetter, also häufig durch Trockenheit und Hitze ausgelöst wird. Obwohl der Rosenmehltau ein Schönwetterpilz ist, kann die Pflanze bereits durch ein nasses, kaltes Frühjahr vorgeschädigt sein.
Vorbeugung und Behandlung: Mehltauresistente Sorten wählen. Kräftiger Frühjahrsschnitt mit sauberer Rosenschere (regelmäßig mit Wasser, Seife und evtl. Alkohol reinigen) und ein luftiger Standort machen dem Pilz das Leben schwer. Streben Sie ein Gleichgewicht zwischen Trockenheit und Feuchtigkeit an. Bitte nie die Blätter begießen, außer wenn Sie ein homöopathisches Arzneimittel verabreichen. Homöopathische Mittel anwenden (→ Seite 97).

Mein Rosen-Tipp

Falls Mehltaubefall vorhanden ist, alle befallenen Blätter aufsammeln und vernichten (verbrennen oder in die Bio-Tonne geben). Niemals auf den Kompost, denn dort verbreiten sich die Pilzsporen munter weiter.

Homöopathische Hauptmittel bei Echtem Rosenmehltau

Belladonna C 200	→	Rötlich-braune Blattfärbung. Der Pilz ist zwar anfangs weißschimmlig, geht jedoch später in rot-braune Färbung über. Folge von Sonneneinstrahlung.
Carbo vegetabilis C 30	→	Weißer, schimmliger, abwischbarer Belag auf der Blattoberseite. Die Blätter weisen im späteren Stadium schwärzliche Flecken auf. Sehr gutes Aufbau- und Stärkungsmittel.
Cuprum metallicum C 30	→	Weißer, schimmliger, abwischbarer Belag auf der Blattoberseite. Sehr gut wirksames Pilzmittel.
Natrium sulphuricum C 30	→	Nach langen Regenperioden und/oder schwül-warmem Wetter. Grau-weiße Schimmelbildung auf der Blattoberseite, die abgewischt werden kann.
Nosode Echter Rosenmehltau	→	Befallene Blätter verbrennen. 2–3 Teelöffel der Asche in ca. 10 l Wasser einrühren, über die Rosen gießen.
Psorinum C 200	→	Kälte- und frostempfindliche Rosen, kleine, mickrige Rosen, die anfällig für jede Art von Pflanzenkrankheiten sind. Durch Psorinum wird die schwache Rose gestärkt; so kann sowohl Echter als auch Falscher Mehltau überwunden werden.
Silicea C 200	→	Sehr gutes Kräftigungs- und Aufbaumittel für das Zellgewebe aller Pflanzen. Kräftige Pflanzen sind weniger krankheitsanfällig. Folgen von Kälte, nasskaltem Wetter oder Staunässe im Wurzelbereich (ähnlich *Thuja*). Maximal 2–3-mal im Frühling/Sommer anwenden, die letzte Anwendung spätestens im Juli.
Sulphur C 200	→	Grau-weiße, abwischbare Schimmelbildung auf den Blattoberseiten. Z. T. entfärben sich die Blätter hellgrün oder gelblich. Die Pflanze hat eine gestörte Wasseraufnahme und benötigt sehr viel Wasser, das sie nicht verwerten kann. Bitte evtl. ausgraben und überprüfen, ob im Wurzelbereich Staunässebildung herrscht.

Thuja C 30 (C 200)	→ Grau-weiße Schimmelbildung auf der Blattoberseite. Auslöser: Nässe, Kälte und Nebel auf den Blättern sowie im Wurzelbereich.

Mein Rosen-Tipp

Rosenblätter sollten möglichst wenig nass werden, um Pilzkrankheiten zu vermeiden. Wenn Sie homöopathische Mittel anwenden, darf ausnahmsweise über das Blattwerk gegossen werden. Bitte an hellen Tagen am frühen Vormittag gießen, sodass die Blätter zügig abtrocknen können.

Merke
Rosenblätter sollten möglich wenig nass werden, um Pilzkrankheiten zu vermeiden. Wenn Sie homöopathische Mittel anwenden, darf ausnahmsweise über das Blattwerk gegossen werden. Bitte an hellen Tagen am frühen Vormittag gießen, sodass die Blätter zügig abtrocknen können. Bei Sonne besteht die Gefahr von Sonnenbrand auf den Blättern.

Falscher Mehltau (Peronospora sparsa)

Schadbild: Auf der Blattunterseite breitet sich ein weiß-grauer schimmliger Belag aus, der sich später ins Violett-Bräunliche verfärben kann (→ Abb. 4.4). Zunächst sind auf der Oberseite gelbliche Flecken zu sehen. Dieser Pilz dringt in das Gewebe der Blätter ein. Auf der Rinde verursacht er Flecken, die später aufreißen. Dann sollte ein Rückschnitt bis ins gesunde Holz erfolgen (Schnittgut verbrennen oder in die Bio-Tonne).

Ursache: Feucht-schwüles, warmes Wetter begünstigt die Ausbreitung.

Vorbeugung: Wenn es einige Tage stark regnet und/oder schwül-warm ist, können Sie vorbeugend behandeln: Verteilen Sie 10 Globuli *Natrium sulphuricum C 30* um den Wurzelbereich. Sie können auch 6–8 Globuli in 150 ml Wasser auflösen, nach kräftigem Verschütteln oder Rühren geben Sie von dieser Mischung teelöffelweise an den Wurzelbereich der Rose. (Pro Rose ca. 10 Teelöffel der Arznei-Wasser-Mischung).

Behandlung: Als homöopathisches Mittel eignet sich v.a. *Natrium sulphuricum C 30*. Es ist angezeigt nach langen Regenperioden und/oder schwül-warmem Wetter. Zu weiteren homöopathischen Mitteln → Seiten 97 und 98.

Grauschimmel (Botrytis cinerea)

Schadbild: Die Blütenknospen sind von einem grauen Schimmelrasen überzogen und können sich dadurch nicht öffnen. Die bereits offenen Blüten verkleben und bleiben wie kleine Mumien an der Rose haften (→ Abb. 4.5). Der Pilz kann sich auch auf Stielen und Blättern ausbreiten. Die Blätter verfaulen (Blattfäule). Häufiger sind Duftrosen betroffen.
Ursache: Kalte, nasse Sommer, die sich mit Hitze und Wärme abwechseln sowie feuchte, kühle Standorte erleichtern diesem Pilz das Leben. Außerdem begünstigt schlechte Luftzirkulation die Ausbreitung.
Vorbeugung und Behandlung: Durchlüfteten Standort wählen, damit die Blätter schnell wieder abtrocknen können. Stickstoffbetonten Dünger (z.B. Hornspäne) unbedingt vermeiden. Geeignete homöopathische Mittel anwenden (→ Seite 100).

Abb. 4.4 Die Sporen des Pilzes dringen tief ins Blattgewebe ein. Dabei breitet sich der Schimmel immer weiter aus, indem er neue Sporenherde bildet.

Abb. 4.4 Falscher Mehltau

Abb. 4.5 Bei dem auch als Knospenfäule bezeichneten Grauschimmel entstehen an den Zweigen braune Flecken, die zum Absterben der darüber liegenden Teile führen. Befallene Blüten bleiben geschlossen, bekommen fahle Flecken (Pocken), sie bedecken sich mit einem mausgrauen Schimmelrasen und faulen.

Abb. 4.5 Grauschimmel

Homöopathische Hauptmittel bei Grauschimmel

Lycopodium C 30	→	Die Rose wurzelt nicht richtig ein, bleibt mickrig und treibt nicht richtig durch. Blätter verfärben sich gelblich. Sehr gute, aufbauende Wirkung. Folgebehandlung nach *Rhus toxicodendron*.
Natrium sulphuricum C 30	→	Nach langen Regenperioden und/oder schwül-warmem Wetter. Traufnässe von größeren Sträuchern oder Bäumen auf den Rosenblättern vermeiden.
Nosode: Grauschimmel	→	Befallene Blätter verbrennen. 2–3 Teelöffel dieser Krankheit Asche in ca. 10 l Wasser einrühren, die Rosen damit übergießen.
Pulsatilla C 30	→	Folgen von lang anhaltendem, kaltem Regen. Kalte Nässe und Staunässe im Wurzelbereich = »erkältet sich über die Füße« (→ auch *Silicea*). Möchte gerne einen zugluftfreien Platz, benötigt trotzdem Luftzirkulation.
Rhus toxicodendron C 30/C 200	→	Zugluftempfindlichkeit. Pilzbefall allgemein. Nach nasskaltem Wetter, weil die Rosenblätter zu lange der Nässe ausgesetzt sind.
Silicea C 200	→	Folgen von Kälte, nasskaltem Wetter. Sehr gutes Aufbau- und Kräftigungsmittel. (Max. 3 x jährlich)
Thuja C 30 (C 200)	→	Nach kaltem, nassem Frühjahr oder Sommer, nach kaltnebligem Wetter schützt *Thuja* vorbeugend die Rosen. Folgen von kalter Nässe auf den Blättern und/oder kalte Staunässe im Wurzelbereich. Aber auch: Pilzerkrankungen nach Wärme und Hitze, wenn Kälte und Nässe vorausgingen.

Rindenfleckenkrankheit (Coniothyrium wernsdorffiae)

Schadbild: Ein Pilz, der bräunlich-rote Flecken auf den Rosenzweigen verursacht. Die rötlich-braun gefärbten Flecken beginnen oft in der Nähe eines Rosenauges und vergrößern sich schnell. Im Inneren der Triebe sind diese Flecken großflächig und hellbraun (➔ Abb. 4.6). Innerhalb dieser Flecken entwickelt sich der Pilz. Die darüberliegenden Triebe sterben ab. Leider kann sich der Befall auch nach unten ausbreiten, sodass der Wurzelhals der Rose geschädigt wird.

Ursache: Mangelhafte Ausreifung des Holzes, zu spätes Düngen im Sommer oder eine Infektion des okulierten Edelauges. Evtl. durch mechanische Verletzungen, Insektenschäden, Frostschäden oder durch Überdüngung (Stickstoff) ausgelöst. Genau lassen sich die Ursachen nicht bestimmen.

Vorbeugung und Behandlung: Man kann nur die befallenen Triebe großzügig herausschneiden und vernichten. Schneidwerkzeuge desinfizieren! Evtl. wurde Frostschutz zu früh begonnen und zu dicht oder zu spät abgedeckt (Fäulnisgefahr). Geeignete homöopathische Mittel anwenden (➔ Seite 102).

Abb. 4.6 Die Rindenfleckenkrankheit ist eine sehr häufige Krankheit der Rosen. Leicht erkennbar sind die Pilzflecken auf den Trieben, vom Rosenauge ausgehend.

Homöopathische Hauptmittel bei Rindenfleckenkrankheit

Einige der Anwendungen sind noch in der Probephase. Mögliche homöopathische Mittel sind:

Belladonna C 200	→	Rötlich-braun gefärbte Flecken der Rinde.
Calendula C 30	→	Folgen von Rissverletzungen durch unzulängliches Schneidwerkzeug oder Erfrierungen.
Cuprum metallicum C 30	→	Sehr gut wirksames Pilzmittel. Wenn bereits im Vorjahr diese Krankheit den Rosen zusetzte, kann vorbeugend vor dem Austrieb behandelt werden.
Natrium chloratum C 30	→	Folgen von Überdüngung.
Natrium sulphuricum C 30	→	Folgen von feuchter Wärme durch zu dichten Winterschutz. (Fäulnisgefahr).
Nosode Rindfleckenkrankheit	→	Befallene Stängel und Blätter verbrennen. 2–3 Teelöffel dieser Asche in ca. 10 l Wasser einrühren, die Rosen damit übergießen.
Staphisagria C 200	→	Folgen von unsachgemäßen Schnittverletzungen.
Sulphur C 200	→	Schäden durch Insekten (Schädlinge), allgemein. Sehr gut nach einer »durchstandenen« Krankheit, reinigt die Pflanzenzelle.

Rosenblattfleckenkrankheit (Spaceloma rosarum)

Schadbild: Die Rosenblätter sind mit unregelmäßigen schwarz-braunen Flecken gesprenkelt, die z.T. durch die Blattadern begrenzt sind (➔ Abb. 4.7). Die bodennahen Blätter sind früher betroffen; der Pilz dehnt sich nach dem Anfangsbefall auf höher gelegene Blätter aus. Bei starkem Befall droht totaler Blattverlust. Er kann auch auf die Rinde der grünen Jahrestriebe übergehen.

Ursache: Wenn der Rosenstandort feucht ist oder das Abtrocknen der Blätter nicht gewährleistet ist.

Vorbeugung und Behandlung: Ein luftig-sonniger Standort ist vorteilhaft. Da der Pilz auf den abgefallenen Blättern überwintert, sollten die befallenen Blätter gründlich entsorgt werden.

Abb. 4.7 Die Rosenblattfleckenkrankheit wird auch als »Purpurfleckenkrankheit« bezeichnet. Die Blätter zeigen schwärzliche oder blutrote Flecken mit einer weißlichen Mitte. Die Flecken können auch auf die Blütenstängel übergreifen.

Homöopathische Hauptmittel bei Rosenblattfleckenkrankheit

Belladonna C 200	→	Rötlich-braun gefärbte Flecken der Blätter und Rinde. Ausgelöst durch nasse Blätter.
Carbo vegetabilis C 30	→	Die Blätter sind braun-schwarz gefleckt. Die Flecken können verschiedene Formen aufweisen. Wirksames Pilzmittel sowie Aufbau- und Stärkungsmittel.
Cuprum metallicum C 30	→	Sehr gut wirksames Pilzmittel, bei vielen Pilzkrankheiten.
Natrium sulphuricum C 30	→	Nach langen Regenperioden und/oder schwül-warmem Wetter.
Nosode Rosenblattflecken	→	Befallene Blätter verbrennen. 2–3 Teelöffel der Asche in ca. 10 l Wasser einrühren, über die Rosen gießen.
Silicea C 200	→	Sehr gutes Kräftigungs- und Aufbaumittel für alle Pflanzen. Gutes Vorbeugungsmittel gegen Pilzkrankheiten aller Art. Folgen von Kälte, nasskaltem Wetter oder Staunässe im Wurzelbereich (ähnlich *Dulcamara, Pulsatilla, Thuja*). Die Blätter bleiben zu lange der Nässe ausgesetzt. Maximal 2–3-mal pro Jahr anwenden, die letzte Anwendung spätestens im Juli, sonst treiben die Rosen zu stark aus und kommen nicht in die Winterruhe.
Sulphur C 200	→	Die Blätter sind mit Pilzflecken übersät, die Blattfarbe wechselt zu hellgrün oder gelblich.
Thuja C 30 (C 200)	→	Ein verregnetes Frühjahr und regenreicher Sommer (Nässe und Kälte) begünstigen die Entwicklung von Pilzkrankheiten aller Art.

Rosenrost (Phragmidium mucronatum)

Abb. 4.8 Bei starkem Befall mit Rosenrost kann das Laub bereits in den Sommermonaten abfallen.

Hier handelt es sich um eine sehr schwierig zu behandelnde Pilzerkrankung. Dieser Pilz befällt auch Ringelblumen, Stockrosen oder Malven; die Sporen überwintern und vermehren sich anschließend schnell wieder.

Schadbild: Auf der Blattrückseite sind kleine, leuchtende, orangefarbene Tüpfelchen zu finden, die bei Berührung stäuben (➔ Abb. 4.8). Dies sind die Pilzsporen. Sobald sie später das Blatt durchdringen, zeigen sich auf der oberen Blattseite gelbliche oder gelblich-braune Punkte. Die Rose verliert nach und nach ihre Blätter, wird sehr geschwächt und kann eingehen. Besonders häufig an Rosen, die auf stark lehmigem, verdichtetem Boden gepflanzt wurden.

Ursache: Feuchte, kühle Witterung oder nasse Standorte, verdichtete oder stark lehmhaltige Böden, wenig Luftzirkulation.

Vorbeugung und Behandlung: Unbedingt mechanisch arbeiten, d.h., vorsichtig häckeln oder mit der zweizinkigen Rosengabel den Boden belüften. Evtl. die Rose ausgraben und einen besseren Standort wählen. Geeignete homöopathische Mittel anwenden (➔ Seite 106).

Mein Rosen-Tipp

Laub einsammeln, verbrennen oder in die Bio-Tonne.

Homöopathische Hauptmittel bei Rosenrost

Calendula C 30	→	Die orangefarbenen Punkte dieses Pilzes haben Ähnlichkeit mit der Calendula-Blütenfarbe. *Calendula* wirkt aufbauend, antiseptisch und antibakteriell. Stimuliert die angeborene Immunkraft der Pflanzen. Kann vorbeugend gegossen werden. (Das Mittel ist in der Probephase).
Kalium carbonicum D 6	→	Man ist sich noch nicht ganz sicher: Rosenrost kann auch durch einen Kaliummangel ausgelöst sein. Eine Bodenprobe schafft Klarheit. Guter Kali-Dünger.
Kalium carbonicum C 30	→	Entwässert die Pflanzenzelle, die Rose geht nicht zu »mastig« in den Winter. Vorbeugung gegen Rückfrieren und spätere Folgekrankheiten. Spätestens Ende Juli das Blattwerk sowie den Wurzelbereich übergießen.
Lycopodium C 30	→	Blätter verfärben sich gelblich, die Rose wird »mickrig«, klein und kränkelt. Sehr gute, aufbauende Wirkung. Gutes Folgemittel nach *Rhus toxicodendron.*
Nosode Rosenrostkrankheit	→	Befallene Blätter verbrennen. 2–3 Teelöffel dieser Asche in ca. 10 L Wasser einrühren, die Rosen damit begießen.
Pulsatilla C 30	→	Folgen von lang anhaltendem, kaltem Regen. Kalter Nässe und Staunässe im Wurzelbereich (»erkältet sich über die Füße«, wie *Silicea*). Möchte gerne einen zugluftfreien Platz, benötigt trotzdem Luftzirkulation.
Rhus toxicodendron C 30 (C200)	→	Sehr gutes Mittel bei verschiedenen Pilzinfektionen. Die Blätter weisen Blattflecken oder Sprenkelungen auf. Nach viel Nässe und nasser Kälte. Wetterwechsel von warmem zu kaltem Wetter. Wenn *Rhus toxicodendron C 30* bereits nach der ersten Anwendung deutlich geholfen hat, zwei Wochen später *Lycopodium C 30* verabreichen.

Silicea C 200	→	Folgen von Kälte, nasskaltem Wetter, Nässe auf den Blättern und Staunässe im Wurzelbereich (»erkältet sich über die Füße«). Sehr gutes Aufbau- und Kräftigungsmittel. Kann vorbeugend eingesetzt werden (maximal 3 x jährlich).
Sulphur C 200	→	Allgemeine Pilzerkrankungen. Blattfarbe: gelblich bis hellgrün, wirken »entfärbt«, z.T. auch gelb-rötlich. Folgen von Staunässe. Schlimmer von kaltem zu warmem Wetter. Sehr gutes Aufbaumittel.
Thuja C 30 (C 200)	→	Nach kaltem, nassem Frühjahr oder Sommer, nach kaltnebligem Wetter schützt *Thuja* vorbeugend die Rosen. Folgen von kalter Nässe (Staunässe) im Wurzelbereich. Aber auch: Pilzerkrankungen nach Wärme und Hitze, wenn Kälte und Nässe vorausgingen.

Rosettenkrankheit (Witches broom)

Diese sich in den USA ausbreitende Krankheit ist bei uns noch wenig bekannt.

Schadbild: Die Rosentriebe schießen regelrecht in die Höhe. Später werden sie dick und deformiert. Daran sitzen sehr kleine, rote Blätter, die einem »Besen« ähneln (→ Abb. 4.9).

Ursache: Unbekannt. Es ist noch nicht klar, um welchen Erreger es sich handelt. Man vermutet, daß dieses Krankheitsbild durch Unkrautvernichtungsmittel herbergerufen wird.

Vorbeugung: Unbekannt. Es wird empfohlen, die infizierten Pflanzen so schnell wie möglich zu entfernen oder großzügig zu schneiden, um die anderen Rosen nicht anzustecken. Wichtig: Schneidwerkzeuge desinfizieren.

Abb. 4.9 Plötzlich hochschießende Triebe sind die ersten Symptome der auch als »Hexenbesen« bezeichneten Rosettenkrankheit. Die Rose stirbt innerhalb von einem bis zwei Jahren komplett ab.

Homöopathische Hauptmittel bei Rosettenkrankheit

Einige der Anwendungen sind noch in der Probephase. Mögliche homöopathische Mittel sind:

Belladonna C 200	→	Rötlich-bräunliche Blätter (Bei der Rosettenkrankheit handelt es sich zwar um »rote« Blätter – aber es könnte versucht werden).
Cuprum metallicum C 30	→	Riesenwuchs (Triebe schießen in die Höhe). Allgemeine Pilzerkrankungen.
Nosode Rosettenkrankheit	→	Befallene Blätter verbrennen. 2–3 Teelöffel dieser Asche in ca. 10 l Wasser einrühren, die Rosen damit begießen.
Nux vomica C 30		Sehr gutes Ausleitungsmittel für Krankheiten, die durch chemische Agrargifte verursacht worden sind.
Silicea C 200	→	Allgemeines Aufbau- und Stärkungsmittel.
Sulphur C 200	→	Zur Reinigung der Pflanzenzelle.

Sternrußtau (Marssonia rosae)

Diese Rosenkrankheit ist besonders aggressiv. Meistens erscheint dieser Pilz bereits nach der ersten Blüte (Juni, Juli).

Schadbild: Die Blätter weisen braun-schwarze, »sternchenförmige« Flecken auf, die sich sehr schnell auf dem gesamten Blatt ausbreiten (→ Abb. 4.10). Anschließend verfärben sich die Blätter gelb und werden abgeworfen. Es kann zu totalem Laubverlust kommen, sodass die Rose völlig »nackt« dasteht. Sternrußtau schwächt die Rosen nachhaltig, sodass diese mit der Zeit schwächer und frostempfindlicher werden.

Ursache: Ungünstiger Standort oder auch blattempfindliche Sorten zeigen einen schnelleren Befall. Starke Temperaturschwankungen sowie ein nasses Frühjahr und ein regenreicher Sommer begünstigen die Ausbreitung. Rosenblätter sollten grundsätzlich schnell abtrocknen können. Auch überdüngte Pflanzen (Stickstoff) sind anfälliger.

Vorbeugung und Behandlung: Meine »ABC-Methode« (→ Kap. 4.5). Geeignete homöopathische Mittel anwenden.

Abb. 4.10
Sternrußtau erscheint nach Nässeperioden im Frühling bereits im Juni / Juli und schwächt die Rosen. Mit der »Maute-ABC-Methode« erscheint dieser erst später im Rosenjahr, gegen Ende August / September. Wenn man im Anschluß an die ABC-Methode vorbeugend die entsprechenden Stärkungs- oder Witterungsmittel einsetzt, nimmt die Anfälligkeit für Sternrußtau ab.

Mein Rosen-Tipp

Entfernen Sie bitte alle befallenen Blätter gründlich aus dem Erdreich. Bei sehr starkem Befall sollten Sie die obere Erdschicht mit entsorgen. Die Blätter können Sie verbrennen oder in der Bio-Tonne entsorgen; bitte nie auf den Kompost geben.

Homöopathische Hauptmittel bei Sternrußtau

Zur »ABC-Methode« → Kap. 4.5.

Carbo vegetabilis C 30	→	Schwärzlich verfärbte »Sternchen«, die Blätter verfärben sich sehr schnell von braun nach schwarz. Wenn Pilzbefall sehr schnell nach dem Schnitt eintritt. Sehr gutes Stärkungsmittel bei allen schwärzlichen Verfärbungen. Folgen von Kälte, Vergiftungen (saurer Regen) nach Wetterwechsel von warmem/zu kaltem Wetter.
Lycopodium C 30	→	Die Rose wurzelt nicht richtig ein, bleibt mickrig und treibt nicht richtig durch. Sie zeigt braun-schwarze Sternchen auf gelben Blättern. Sehr gute, aufbauende Wirkung, wenn zuvor bereits *Rhus toxicodendron C 30* gebessert hat.
Natrium sulphuricum C 30	→	Sternrußtau-Befall nach lange dauerndem Regen und schwülwarmer Witterung. Folgen von Wetterwechsel von kaltem zu warmem Wetter oder von kalt zu feucht-schwülem Wetter.
Nosode Sternrußtau	→	Befallene Blätter verbrennen. 2–3 Teelöffel dieser Asche in ca. 10 l Wasser einrühren, die Rosen damit übergießen.
Rhus toxicodendron C 30 (C 200)	→	Nach viel Nässe und nasser Kälte. Wetterwechsel von warmem und kaltem Wetter. Ausgebrochener Sternrußtau an Rosen. Gutes Folgemittel: Wenn *Rhus toxicodendron C 30* deutlich geholfen hat, zwei Wochen später *Lycopodium C 30* verabreichen.
Silicea C 200	→	Kann im zeitigen Frühling vor Blattaustrieb vorbeugend gegeben werden. Nach überstandenem Sternrußtau zur allgemeinen Kräftigung des Zellgewebes.
Thuja C 30 (C 200)	→	Nach kaltem, nassem Frühjahr oder Sommer, nach kalt- nebligem Wetter schützt *Thuja* vorbeugend die Rosen. Folgen von kalter Nässe (Staunässe) im Wurzelbereich. Aber auch: Pilzerkrankungen nach Wärme und Hitze, wenn Kälte und Nässe vorausgingen.

4.2 Viruskrankheit: Mosaik-Krankheit

Abb. 4.11 Bei der wahrscheinlich durch Okulation übertragenen Mosaik-Krankheit kann an den Blättern ein Mosaikmuster auftreten, wie hier bei den Himbeeren, die zu den Rosengewächsen zählen.

Die Mosaik-Krankheit ist die häufigste Viruserkrankung an Rosen. Viruskrankheiten können durch direkten Pflanzenkontakt, durch Insekten (Schädlinge) oder über die Hände, Werkzeug oder Wasser übertragen werden.

Schadbild: Die Blätter wellen sich oder zeigen ein rötliches Mosaikmuster (→ Abb. 4.11). Teilweise verfärben sich die Blattadern, später das ganze Blatt gelb. Vorzeitiger Blattabfall. Die Blüten entwickeln sich schlecht und bleiben klein. Die Rose wird anfälliger für weitere Krankheiten und kann durch die Schwächung eingehen.

Ursache: Unbekannt.

Vorbeugung und Behandlung: Wie immer: Guter Standort, gute Durchlüftung des Bodens. ABC-Methode zur Vorbeugung (→ Kap. 4.5). Geeignete homöopathische Mittel anwenden (→ Seite 112).

Homöopathische Hauptmittel bei Mosaik-Krankheit

Einige der Anwendungen sind noch in der Probephase. Mögliche homöopathische Mittel sind:

Belladonna C 200 → Rötlich-bräunliche, mosaikartige Blattverfärbungen. Nach Kälte, Regen oder starker Sonne.

Gelsemium C 200 → Mosaikähnliche Zeichnungen. Folgen von Föhnwetter, warmer Luft. Sehr gutes Virenmittel.

Nux vomica C 30 → Mosaik-Krankheit nach Verkühlung oder Zugluft. Folgen von warmem zu kaltem Wetter. Viruserkrankungen.

Phosphorus C 200 → Rötliche Mosaik-Zeichnung der Blätter mit z.T. verbrannt aussehenden Blattspitzen. Viruskrankheiten.

Sulphur C 200 → Wenn Virosen erfolgreich behandelt werden konnten, gießen Sie nach einer Wartezeit von ca. 14 Tagen Ihre Rosen mit *Sulphur,* damit sie vollständig ausheilen. *Sulphur* reinigt die Pflanzenzelle.

Thuja C 30 (C 200) → Gutes Arzneimittel bei Viruserkrankungen. Die Blätter zeigen eher »warzenähnliche« Ausbuchtungen. Viruserkrankungen.

4.3 Rosenschädlinge

Alle Schädlinge können Pflanzenkrankheiten übertragen. Schädlinge schädigen nicht nur die Pflanze selbst durch ihre Saugtätigkeit, sondern können auch Pilz- und Viruserkrankungen übertragen. Da gesunde Rosen weniger anfällig für Krankheiten sind, empfiehlt es sich bereits im zeitigen Frühjahr die Rosen nach meiner »ABC-Methode (➔ Kap. 4.5) zu stärken. Außerdem ist wichtig, dass befallenes, totes Laub unter den Rosen entfernt und vernichtet wird.

Mein Homöopathie-Tipp

Nach gebessertem Schädlingsbefall: Zum Abschluss *Thuja C 200* verabreichen – eliminiert die giftigen Ausscheidungen von Schädlingen.

Ameisen (Formica rufa)

Ameisen und Blattläuse findet man oft in einer Symbiose, denn Ameisen halten sich die Blattläuse wie eine »Kuhherde« und »melken« diese regelrecht. Der von den Blattläusen ausgeschiedene Honigtau ist eine kohlenhydratreiche Nahrungsquelle für Ameisen (→ Abb. 4.12).

Schadbild: Blattläuse saugen den Pflanzensaft aus und schwächen dadurch die Rosen enorm, im schlimmsten Fall stirbt die Rose ab. Außerdem begünstigt der von den Blattläusen ausgeschiedene Honigtau die Entstehung von Rußtaupilzen (schwarz oder weiß) auf den Rosenblättern. Oft sieht man im Wurzelbereich der Rose Ameisennester; es sieht aus, als befände sich trockene, krümelige Erde in den Astgabeln. Wenn man diese zerstört, kann man teilweise die weißlichen, ovalen Ameiseneier entdecken.

Vorbeugung und Behandlung: Vorsichtiges Häckeln stört Ameisen. Geeignete homöopathische Mittel anwenden (→ Seite 114).

Abb. 4.12 Ameisen ernähren sich von dem von Blattläusen ausgeschiedenen Honigtau.

Homöopathische Hauptmittel bei Ameisen

Camphora C 30	→	Kampfer-Geruch vertreibt Ameisen; es strömt auch eine gewisse »Kälteempfindung« aus, die von Schädlingen nicht geschätzt wird. Camphora wurde schon häufig erfolgreich gegen Ameisen eingesetzt.
Carbo vegetabilis C 30	→	Geeignet für die Behandlung bei schwarzem Rußtaupilzbefall. Es ist ein sehr gutes Pilzmittel, sofern der Pilz schwärzliche Sporen hinterlässt. Sehr gutes Stärkungsmittel.
Sulphur C 200	→	*Sulphur* kann gut nach *Camphora C 30* eingesetzt werden; es stärkt die Pflanze, indem es die Zelle reinigt und eine gute Wasserverfügbarkeit herstellt. Es ist geeignet gegen alles, was so »kreucht und fleucht«.

Abb. 4.13 Überwiegend an jungen Pflanzenteilen sitzen vor allem im Frühjahr und Frühsommer Kolonien von Blattläusen, die sich bei warmer und trockener Witterung besonders stark vermehren.

Blattläuse (Macrosiphon rosae)

Ursache: Es gibt sehr viele Blattlausarten. Rosenblattläuse sind meistens rot oder grün und werden bis zu 5 mm lang. Sie sitzen auf den jungen Trieben, aber auch an der Knospenbasis, den Blattunterseiten oder Stängeln (→ Abb. 4.13).

Schadbild: Die Blätter rollen sich ein, die Blüten verkümmern. Blattläuse scheiden Honigtau aus. Durch den Honigtau siedeln sich leicht abwischbare Rußtaupilze – schwärzliche oder auch weißliche Ablagerungen – auf den Blättern an. Sowohl durch die Saugtätigkeit der Blattläuse als auch durch die Rußtaupilze werden die Pflanzen nachhaltig geschwächt.

Vorbeugung und Behandlung: Rechtzeitig entdeckt, d. h., wenn noch keine Invasion auf den Knospen sitzt, lassen sich die Läuse auch absammeln. Geeignete homöopathische Mittel anwenden (→ Seite 115).

Homöopathische Hauptmittel bei Blattläusen

Camphora C 30	→	Zur Ameisenbekämpfung, gegen Blatt- und Schildläuse und sonstige Schädlinge. Bei Rußtaupilzbefall durch Honigtauausscheidung von Blattläusen.
Cimicifuga C 30	→	Sehr effektives Blattlausmittel für Rosen, wirkt sehr zügig.
Carbo vegetabilis C 30	→	Bei schwarzem Rußtaupilzbelag durch Honigtauausscheidung der Blattläuse.
Cuprum metallicum C 30	→	Blattläuse und andere Schädlinge mögen den Geruch von Kupfer nicht; Cuprum metallicum kann vorbeugend im zeitigen Frühjahr im Anschluss an die »ABC-Methode« (→ Kap. 4.5) gegossen werden, wenn im Vorjahr starker Blattlausbefall bestand.
Natrium chloratum C 30	→	Blattlausbefall nach Vernachlässigung oder Überdüngung der Rosen.
Psorinum C 200	→	Geeignet für sehr schwache, kümmerliche, kälteempfindliche Pflanzen; kümmerliche Pflanzen werden sehr schnell ein Opfer von Schädlingen. Folgt sehr gut nach *Sulphur C 200.*
Silicea C 200	→	Sehr gutes Aufbaumittel für alle Pflanzen, das vorbeugend zur Kräftigung im zeitigen Frühjahr eingesetzt werden kann. Die Anwendung von *Silicea* ist auch sinnvoll, nachdem die Blattläuse beseitigt worden sind, die Pflanzen kommen wieder in ihre Kraft.
Staphisagria C 200	→	Sehr gut nach Rosenschnitt, fördert die Heilung der Schnittstelle zügig; dadurch können Pilze und Bakterien nicht so leicht ins Holz eindringen. Sehr gutes Läusemittel für diverse Läuse, nicht nur an Rosen.
Sulphur C 200	→	Gegen alles, was so »kreucht und fleucht«. Die Blätter sind z.T. blass, hellgrün. Die Pflanze benötigt viel Wasser, hat allerdings eine gestörte Wasseraufnahme. Stärkt das Zellgewebe von Pflanzen.
Thuja C 30 (C200)	→	Eliminiert die giftigen Ausscheidungen von Schädlingen. Bei Pilzerkrankungen durch Schädlinge (besonders Rußtaupilze).

Blattschneiderbiene (Megachile)

Ursache: Die Blattschneiderbiene (➔ Abb. 4.14) ist eine Wildbiene, die einer Honigbiene sehr ähnlich sieht. Die Larve benötigt fast ein Jahr, um sich zu entwickeln.

Schadbild: Fein säuberlich schneidet sie Halbkreise oder Kreise aus den Rosenblättern und formt daraus Tüten, in welche sie ihre Larven einzeln bettet. Hier plädiere ich dafür, nichts gegen diese Wildbiene zu unternehmen. Wildbienen sind sehr nützlich und zu 75 % an der Bestäubung beteiligt. Wir sollten sie fördern und schützen, anstatt sie zu vertreiben. Die Rose verkraftet diesen »kleinen Überfall« schadlos.

Abb. 4.14 Die Blattschneiderbiene schneidet ovale oder runde Blattstücke ab. Damit kleidet sie »tütenförmig« ihre Brutzellen aus, die sowohl in morschem Holz, am flachen Boden, unter Steinen oder in hohlen Pflanzenstängeln sein können.

Abb. 4.15 Die grünen oder braunen Blattwanzen entwickeln sich in manchen Sommern zu einer regelrechten Plage.

Blattwanzen

Ursache: Es gibt eine riesige Anzahl von verschiedenen Wanzen (➔ Abb. 4.15). Blattwanzen sind flache, grüne oder braune geflügelte Insekten, die beim Vernichten sehr schlecht riechen. Sie werden bis zu ca. 1 cm groß.

Schadbild: Die Wanzen stechen die Rosenknospe an und saugen den Pflanzensaft aus; durch ihren giftigen Speichel verkrüppeln die Blätter. Die Blütenblätter weisen zerrissene bis durchlöcherte Stellen auf.

Vorbeugung und Behandlung: In der morgendlichen Kühle sind die Wanzen starr und unbeweglich. Legen Sie bei starkem Befall Pappe unter die Rosen; darauf können die Wanzen von der Rose abgeschüttelt und eingesammelt werden. Anschließend vernichten – Vorsicht, riecht sehr stark und unangenehm beim Zerdrücken. Geeignete homöopathische Mittel anwenden (➔ Seite 117).

Homöopathische Hauptmittel bei Blattwanzen		
Petroleum C 30	→	Sehr hilfreich gegen vielerlei Schädlinge, v. a. mit hartem Panzer.
Silicea C 200	→	Stärkt die Rose nach überstandenem Schädlingsbefall.
Sulphur C 200	→	Gegen alles, was so »kreucht und fleucht«. Stärkt das Zellgewebe.
Thuja C 30 (C 200)	→	Die Rose ist durch die giftigen Ausscheidungen der Wanzen geschädigt. *Thuja* eliminiert diese Gifte.

Rosenblattrollwespe (Blennocampa pusilla)

Abb. 4.16 Die anfangs weißlichen, später hellgrünen Larven fressen die Blätter an. Diese Blätter vergilben mit der Zeit und fallen ab.

Ursache: Dieser Schädling ist eher unscheinbar – eine kleine, dunkle, ca. 4 mm lange Wespe mit breitem Kopf. Das Weibchen legt im Mai/Juni ihre Eier einzeln am Rand der Blattunterseite ab. Dann sticht es nahe der Blattmittelrippe ein, die Rosenblätter rollen sich dadurch ein und bilden eine kleine, schützende Tüte für die sich entwickelnde Larve.

Schadbild: Die 8– 9 mm großen, grünweißlichen Larven der Rosenblattrollwespe findet man im Frühling im Inneren des tütenförmig eingerollten Fiederblattes. Sowohl die Einstichstelle des erwachsenen Weibchens als auch die Fraßschäden der Larven (→ Abb. 4.16) können nur bei sehr starkem Befall die Rose schädigen. Die Blätter vergilben und fallen ab. Sehr starker Befall ist eher selten, dann allerdings sollten Sie etwas dagegen unternehmen.

Vorbeugung und Behandlung: Betroffene Blätter entfernen und entsorgen (Bio-Tonne oder verbrennen). Häckeln des Bodens im sehr zeitigen Frühjahr bekämpft die überwinternden Puppen im Boden. Geeignete homöopathische Mittel anwenden (→ Seite 118).

Homöopathische Hauptmittel bei Rosenblattrollwespe

Petroleum C 30	→	Hilfreich gegen viele Schädlinge, v. a. gegen Schädlinge mit hartem Panzer.
Sulphur C 200	→	Wirkt gegen vielerlei Schädlinge, gegen alles »was so kreucht und fleucht«. Stärkend für das Zellgewebe der Rosen.

Rosenblattwespe (Caliroa aethiops)

Die Rosenblattwespe ist ein Schädling, der nicht jährlich im Rosenbeet auftritt. Die erwachsene Wespe ist ca. 5 mm lang, glänzend schwarz mit grauen Flügeln. Ab Mai legen die Weibchen ihre Eier, die Larven erscheinen dann im Juli/August.

Ursache: Die hellgrün-blaßgrünen Raupen (→ Abb. 4.17) sind etwa 18 mm lang und haben deutlich braune Augen. Hauptsächlich im Juli, August, September weiden sie die Unterseiten der Blätter ab. Dabei halten sie sich hauptsächlich am Blattrand fest und bewegen ihren Körper »S-förmig«, wenn sie gestört werden.

Schadbild: Durch das Abweiden verfärbt sich die Blattstruktur bräunlich und die Blätter trocknen aus (sog. Skelettierfraß → Abb. 4.18). Die Larven sind extrem gefräßig, z.T. hinterlassen sie sogar Kahlfraß; die homöopathische Behandlung ist nicht einfach.

Vorbeugung und Behandlung: Rosenblätter gründlich inspizieren. Neben der homöopathischen Behandlung ist zusätzliches Absammeln sinnvoll. Häckeln im zeitigen Frühling bekämpft die überwinternden Puppen. Geeignete homöopathische Mittel anwenden (→ Seite 119).

Abb. 4.17 Die Rosenblattwespe ist im Sommer ein häufiger Schädling an Rosen, der in ganz Europa und Nordamerika verbreitet ist. Nach der Eiablage im Mai erscheinen Ende Juni bis August ca. 10–15 mm große, gelb-grünliche Larven.

Abb. 4.18 Der Schabefraß (Skelettierfraß) an der Blattoberseite ist deutlich erkennbar.

Homöopathische Hauptmittel bei Rosenblattwespe

Einige der Anwendungen sind noch in der Probephase. Mögliche homöopathische Mittel sind:

Camphora C 30 → Die meisten Schädlinge scheinen vom Kampher-Geruch Abstand zu nehmen. Camphora strömt auch eine gewisse »Kälteempfindung« aus, die von Schädlingen nicht geschätzt wird.

Psorinum C 200 → Wehrt Schädlinge ab und stärkt kümmerliche Pflanzen.

Sulphur C 200 → Wirksam gegen alle Schädlinge. Wirkt anschließend aufbauend für die Rose, v. a., wenn die Blätter entfärbt und hell aussehen.

Ohrwurm (Forficula auricularia)

Ursache: Der Ohrwurm (→ Abb. 4.19) gehört zu den Nützlingen, er weidet Pilzrasen ab und ist deshalb wahrscheinlich nützlich bei der Mehltaubekämpfung. Wenn Ohrwürmer jedoch in Massen auftreten, können sie zur Plage werden. Dies ist besonders bei Trockenheit der Fall.

Schadbild: Bei den Rosen fressen sie die jungen Blütenknospen sowie die jungen Blätter an den Zweigen. Dann weisen die Blätter kleine Löcher auf.

Vorbeugung und Behandlung: Es gibt keine vorbeugenden Maßnahmen. Geeignete homöopathische Mittel anwenden (→ unten).

Abb. 4.19 Ohrwürmer sind nützlich. In Trockenperioden treten sie gelegentlich massenhaft auf und fressen dann gerne Blütenknospen und zarte Rosentriebe.

Homöopathische Hauptmittel bei Ohrwurm

Arsenicum album C 200	→	Nach langen Wärme- und Trockenperioden. Rosen schwächeln, werden klein und mickrig.
Petroleum C 30	→	Sehr hilfreich gegen viele Schädlinge, denn der Geruch des homöopathischen Mittels, der für uns Menschen nicht mehr wahrnehmbar ist, vertreibt sie. Petroleum wirkt sehr gut gegen Schädlinge mit hartem Panzer.
Sulphur C 200	→	Wirkt gegen vielerlei Schädlinge, gegen alles »was so kreucht und fleucht«.

Raupen

Es gibt unzählige Raupen- und Wicklerarten. Sie gehören zu den Schmetterlingen, diesen zarten, tanzenden »Feen«. Ohne Raupen leider keine Schmetterlinge!

Ursache: Rosenknospen gehören zum Lieblingsessen der Larven (→ Abb. 4.20, → Abb. 4.21) von Spanner- oder Wicklerarten. Sie können in manchen Jahren epidemisch auftreten.

Schadbild: Raupen sind extrem gefräßig; sie fressen Rosenknospen und -blätter und natürlich auch andere Pflanzen. Gerne wickeln sie sich in Blätter ein und fressen sich durch diese hindurch. In den eingedrehten, verwickelten Blättern kann man die verpuppten Larven finden.

Vorbeugung und Behandlung: Geeignete homöopathische Mittel anwenden (→ unten).

Abb. 4.20 Fraßschäden durch den kleinen Frostspanner.

Homöopathische Hauptmittel bei Raupen

Sulphur C 200	→	Wirkt sehr gut gegen Raupen (v. a. auch Kohlweißlinge).
Die folgenden drei Mittel sind in der Probephase: • **Apis mellifica C 30 (Honigbiene)** • **Vespa vulgaris C 30 (Wespe)** • **Vespa crabro C 30 (Hornisse)**	→	Bienen und Wespen sind die natürlichen Feinde der Falter; wo sich Bienen oder Wespen aufhalten, legen die Falter automatisch weniger Eier ab. Meine Überlegungen gehen dahin, diese »natürlichen« Feinde der Raupen als homöopathisches Arzneipräparat einzusetzen.

Abb. 4.21 Kleiner Kohlweißling an Rosenknospe.

Abb. 4.22 Der Rüsselkäfer führt zu abgeknickten Blütenknospen, da der Käfer die zarten Triebe zur Hälfte anschneidet. Im nächsten Frühjahr kann es durch den Reifungsfraß der Käfer auch zu Blütenschäden kommen.

Rosenblütenstecher (Anthonomus Rubi)

Ursache: Der Rosenblütenstecher ist ein Rüsselkäfer (Erdbeerblütenstecher). Er befällt hauptsächlich Erdbeeren, Himbeeren und Brombeeren, denn sie gehören zur Gattung der Rosengewächse; Rosen verschmäht er daher auch nicht.

Schadbild: Der Käfer schneidet die Blütenknospe zur Hälfte an (→ Abb. 4.22). Die Knospe fällt ab. In der abgeknickten Knospe findet man eine beinlose Larve. Sie verpuppt sich dann im Sommer zum Käfer, welcher im Boden überwintert. Im kommenden Frühling benötigt dieser Käfer Nahrung, um zu reifen. Dann verschmäht er auch Rosenblüten nicht.

Vorbeugung und Behandlung: Mulchen mit Lavendelschnitt ist empfehlenswert. Geeignete homöopathische Mittel anwenden (→ unten).

Homöopathische Hauptmittel bei Rosenblütenstecher

Einige der Anwendungen sind noch in der Probephase. Mögliche homöopathische Mittel sind:

Cimicifuga C 30 → Ein sehr gutes Blattlausmittel, das für alle Rosengewächse sehr wirksam ist – dazu gehören die meisten unserer Obst- sowie Beerensorten. Deshalb meine Überlegung: Da dieser Käfer hauptsächlich Rosengewächse frisst, könnte hier Cimicifuga versucht werden, obwohl es sich um einen Käfer und nicht um Blattläuse handelt.

Petroleum C 30 → Sehr gut gegen Schädlinge mit hartem Körper oder Panzer, wie z.B. (Dickmaulrüssler, Ohrwürmer, Drahtwürmer, Schildläuse).

Sulphur C 200 → Gegen alles, »was so kreucht und fleucht«. Gutes Aufbau- und Stärkungsmittel.

Rosenkäfer, Goldkäfer (Cetonia aurata)

Abb. 4.23 Rosenkäfer fressen gerne Rosenblüten und -blätter. Die Larven des Rosenkäfers ernähren sich von Pflanzenresten und helfen so, wertvollen Humus zu bilden.

Dieser Käfer fliegt langsam, brummend und wunderschön schillernd durch den Garten. Er scheint viel zu schwer zum Fliegen zu sein. Wenn es sich um wenige Rosenkäfer handelt, verkraftet die Rose diesen Angriff ganz gut; er gehört zu den Nützlingen.

Ursache: Dieser Käfer ist ca. 1,5 cm groß und dick, schimmert gold-türkis-grün und hält sich gerne in Rosenblüten auf. Besonders gerne überwintert er im Kompost. Er wird häufig mit Engerlingen verwechselt.

Schadbild: Bei starkem Befall von Rosenkäfern muss man eingreifen. Rosenkäfer fressen vor allem das Blüteninnere, aber auch Knospen und zarte Triebe (→ Abb. 4.23). Dabei hinterlassen sie große, runde oder unregelmäßig geformte Löcher. Die Larven des Rosenkäfers ernähren sich hauptsächlich von den Rosenwurzeln.

Vorbeugung und Behandlung: In den kühlen, frühen Morgenstunden kann der träge Käfer von den Blüten abgesammelt und vernichtet werden. Geeignete homöopathische Mittel anwenden (→ unten).

Homöopathische Hauptmittel bei Rosenkäfer, Goldkäfer

Petroleum C 30 → *Petroleum* eignet sich für alle Schädlinge mit einem harten Körper oder Panzer (z.B. Dickmaulrüssler, Drahtwürmer, Schildläuse). Es ist ein sehr gutes Mittel bei Schädlingsbefall an hartlaubigen Pflanzen (z.B. Dipladenia, Kirschlorbeer, Lorbeer, Oleander, Orange, Philodendron, Zitrone).

Sulphur C 200 → Das Hauptmittel gegen alles, was so »kreucht und fleucht«. Kräftigt gleichzeitig das Zellgewebe. Kräftigere, gesunde Pflanzen sind weniger schädlingsanfällig.

Abb. 4.24 Ein deutliches Zeichen für den Befall mit Schildläusen sind die Honigtautropfen auf den Blättern oder das vermehrte Auftreten von Ameisen, die sich vom Honigtau ernähren.

Rosenschildläuse (Coccoidea, Aulacaspis rosae)

Ursache: Schildläuse sind der Graus jeder Gartenliebhaberin/jedes Gartenliebhabers. Sie lieben trockene Hitze und Stauwärme. Es gibt davon mehrere Arten: schmutzig-weiße oder bräunliche, halbkugelige bis zu 6 mm große oder auch »komma-artige« bräunliche, ca. 3 mm große »Monster«.

Schadbild: Sie saugen die Triebe und Blätter der Rosen aus, dadurch verwelkt die Pflanze und stirbt ab (→ Abb. 4.24). Ihre Vermehrungsfreude ist beachtlich; über Nacht werden sie zu einem großen Heer.

Vorbeugung und Behandlung: Der Standort sollte nicht zu trocken und der Hitze ausgesetzt sein. Bei Schildläusen 3-mal im Abstand von einer Woche wiederholen, denn Schildläuse sind extrem hartnäckig. Die gesamte Rose vormittags großzügig übergießen. Geeignete homöopathische Mittel anwenden (→ unten).

Homöopathische Hauptmittel bei Rosenschildläuse

Arsenicum album C 200	→	Nach langen Wärme- und Trockenperioden. Rosen schwächeln, sind klein und mickrig.
Camphora C 30	→	Bei geschwächten Rosen durch Schildlausbefall. Rußtaupilzbefall durch Schildläuse.
Petroleum C 30	→	Hilfreich gegen viele Schädlinge und v.a. gegen Schädlinge mit hartem Panzer.
Sulphur C 200	→	»Das« Schädlingsmittel Nummer Eins – gegen alles, was so »kreucht und fleucht«. Kräftigt gleichzeitig das Zellgewebe. Kräftigere, gesunde Pflanzen sind weniger schädlingsanfällig.

Rosentriebbohrer, aufwärtssteigender (Blennocampa elongatula), abwärtssteigender (Ardis brunniventris)

Ursache: Das Blattwespenweibchen legt seine Eier in die weichen Rosentriebe. Dort entwickelt sich die weißliche, ca. 15 mm lange Larve. Diese frisst die weichen, jungen Triebe von innen aus. Je nach Art, triebaufwärts oder triebabwärts.

Schadbild: Sichtbar ist ein Bohrloch in den Trieben (→ Abb. 4.25). Dadurch welken im zeitigen Frühling die Jungtriebe sehr schnell und vertrocknen. Der aufwärtssteigende Triebbohrer hinterläßt feinkrümeligen Kot am Einbohrloch. Wenn man die Triebe längs aufschneidet, findet man meist eine Raupe in den Gängen, die sich nach oben oder unten frisst. Durch starken Befall kann die Rose eingehen.

Vorbeugung und Behandlung: Rosen gründlich beobachten. Sobald Bohrlöcher sichtbar sind, großzügig schneiden. Schnittgut möglichst verbrennen.
Geeignete homöopathische Mittel anwenden (→ unten).

Abb. 4.25 Der Rosentriebbohrer ist eine Blattwespe, die im Frühjahr ihre Eier in die jungen Austriebe der Rose legt. Die geschlüpften Larven fressen das Mark aus den Trieben.

Homöopathische Hauptmittel bei Rosentriebbohrer

Einige der Anwendungen sind noch in der Probephase. Mögliche homöopathische Mittel sind:

Staphisagria C 200	Heilt zügig Schnittverletzungen, geeignet bei Folgen von Rosenschnitt: Ein schnelles Verschließen der Wundstelle erschwert die Eiablage.
Sulphur C 200	Ca. 7 Tage nach *Staphisagria C 200*-Behandlung mit *Sulphur C 200* übergießen, um neuem Befall vorzubeugen.

Abb. 4.26 Auf den Blättern sieht man zunächst vereinzelte, im Laufe der Zeit zahlreicher werdende kleine, weiße Sprenkel. Verursacht werden diese Schäden durch Rosenzikaden, die meist blattunterseits sitzen.

Rosenzikaden (Typhlocyba rosae)

Ursache: Rosenzikaden sind ca. 2–3 mm lang mit keilförmig gefalteten Flügeln. Sie haben unterschiedliche Farben: weiß, hellgrün und gelb, manche auch gelbbraun. Wenn sie gestört werden, fliegen oder hüpfen sie davon. Rosenzikaden können zur regelrechten Plage werden und sind nicht einfach zu eliminieren. Hitze und Trockenheit begünstigen ihr massenhaftes Auftreten.

Schadbild: Sie saugen an den Blattunterseiten, die Oberseiten sehen dadurch weiß-gesprenkelt aus. (Weißfleckigkeit → Abb. 4.26). Die Blätter fallen bei starkem Befall durch die intensive Saugtätigkeit ab.

Vorbeugung und Behandlung: Der Standort sollte nicht zu trocken oder zu heiß sein, deshalb in Trockenperioden ausreichend gießen. Geeignete homöopathische Mittel anwenden (→ unten).

Homöopathische Hauptmittel bei Rosenzikaden

Arsenicum album C 200	→	Nach langen Wärme- und Trockenperioden. Rosen schwächeln, werden klein und mickrig.
China C 200	→	Pflanzensaftverlust durch saugende Schädlinge nach lange anhaltender Hitze und Trockenheit. Extreme Schwäche der Rose durch Pflanzensaftverlust.
Rhus toxicodendron C 30	→	(Mittel ist in der Probephase). Da die Blätter Sprenkelungen aufweisen, könnte *Rhus toxicodendron* versucht werden, obwohl es sonst eher bei feuchtem Wetter eingesetzt wird.
Sulphur C 200	→	Da sich die Rosenzikaden so ähnlich verhalten und so schnell wegfliegen wie die »Weiße Fliege« an Gemüsepflanzen, habe ich *Sulphur C 200* ausprobiert. Der Erfolg stellte sich bereits nach zwei Tagen ein.

Rote Spinne/Spinnmilbe (Tetranychus urticae)

Abb. 4.27 Insbesondere unter trocken-warmen Sommerbedingungen kann es zu einem heftigen Befall mit Spinnmilben kommen. Das Schadbild ähnelt zu Beginn dem von Zikaden, später werden die Blätter jedoch deutlich bronzeartig, die Blätter vertrocknen und fallen auch ab.

Ursache: Die Spinnmilben sind winzig-kleine, achtbeinige Spinnentiere, weiß, rötlich oder grünlich. Sie sind mit bloßem Auge kaum zu erkennen. Sowohl schwüle, feucht-heiße Witterung und Wärmestau als auch heißer, trockener Standort begünstigen das Auftreten.

Schadbild: Sie saugen den Pflanzensaft der Pflanze aus. Die Blätter sehen anschließend fahl, gelb-, rot-orange-, grau- oder braun-getüpfelt aus und fallen ab (→ Abb. 4.27). An den Unterseiten der Blätter kann man häufig ein ganz feines Netz (Gespinst) erkennen. Spinnmilben sind mittlerweile resistent gegen diverse chemische Spritzmittel und auch homöopathisch schwierig zu behandeln.

Vorbeugung: Trockene, heiße Standorte meiden.

Behandlung: Befallene Triebe großzügig schneiden. Geeignete homöopathische Mittel anwenden (→ Seite 128).

Homöopathische Hauptmittel bei Rote Spinne/Spinnmilben

Einige der Anwendungen sind noch in der Probephase. Mögliche homöopathische Mittel sind:

Arsenicum album C 200 → Bei Erkrankungen, die durch Wärme und Trockenheit ausgelöst werden – das können auch Schädlinge sein . Es ist auch ein sehr gutes Kräftigungsmittel bei schwachem Pflanzenwachstum durch Hitze und Trockenheit.

Belladonna C 200 → Bei rötlich bis rötlich-braun verfärbtem Blatt durch Spinnmilbenbefall. Sehr gutes Mittel bei sämtlichen durch Hitze verursachten Krankheiten oder Befall.

Causticum C 30 → Folgen von lange anhaltender Trockenheit und damit einhergehender Krankheit, Schwäche oder Schädlingsbefall.

China C 200 → Pflanzensaftverlust durch saugende Schädlinge nach lange anhaltender Hitze und Trockenheit. Extreme Schwäche der Rose.

Kalium carbonicum D 6, C 30 → Rosenzüchter empfehlen bei Roter Spinne die Düngung (mit *Kalium*, da der Befall evtl. durch Kaliummangel auftritt.) Sowohl D 6 zur Düngung als auch C 30 können hier eingesetzt werden.

Natrium sulphuricum C 30 → Folgen von schwüler Wärme.

Sulphur C 200 → Durch Wärme- und Hitzeschaden ausgelöster Schädlingsbefall. Die Blätter sehen fahl oder gelblich-hell aus.

Thrips/Blasenfuß (Thrips fuscipennis)

Ursache: Winzig kleine, nur ca. 1–2 mm große Insekten mit bräunlich-schwarzen Flügeln, die gefranst sind (→ Abb. 4.28). Die Larven sind gelb-orange, z. T. hell gebändert. Sie saugen die Blüten, Triebe und Blätter an der Blattoberfläche aus. Besonders bevorzugen sie helle Rosen (gelb, rosa). Trockener Standort sowie Hitzeabstrahlung (z.B. durch Wegplatten) fördern den Befall.

Schadbild: Die Blütenknospen öffnen sich unvollständig und können verkrüppeln. Die Blütenblätter werden an den Rändern braun. Die Blätter sind z.T. silbrig gesprenkelt. Durch das Aussaugen von Blüten, Trieben und Blättern wird die Rose sehr geschwächt.

Vorbeugung und Behandlung: Die befallenen Blüten, Knospen und Blätter absammeln und vernichten. Hitze und Trockenheit fördern ihr Auftreten. Die Luftfeuchtigkeit sollte durch Versprühen von Wasser erhöht werden. Zeitweises Schattieren der Rosen ist ebenfalls sinnvoll. Geeignete homöopathische Mittel anwenden (→ Seite 130).

Abb. 4.28 Den Namen Blasenfuß verdanken die 1–2 mm großen und meist gelblichen, wie kleine Fliegen aussehenden Insekten der früheren Annahme, dass Thripse an ihren Beinen blasenförmige Haftorgane haben, was sich jedoch als falsch herausgestellt hat.

Homöopathische Hauptmittel bei Thrips/Blasenfuß

Einige der Anwendungen sind noch in der Probephase. Mögliche homöopathische Mittel sind:

Arsenicum album C 200 → Bei Erkrankungen, die durch Wärme und Trockenheit ausgelöst werden – das können auch Schädlinge sein. Ein sehr gutes Kräftigungsmittel bei schwachem Pflanzenwachstum durch Hitze und Trockenheit.

Belladonna C 200 → Rötlich bis rötlich-braun verfärbte Blätter. Sehr gutes Mittel bei sämtlichen durch Hitze verursachten Krankheiten oder Schädlingsbefall.

Causticum C 30 → Folgen von lange anhaltender Trockenheit und damit einhergehender Krankheit, Schwäche oder Schädlingsbefall.

China C 200 → Pflanzensaftverlust durch saugende Schädlinge nach lange anhaltender Hitze und Trockenheit. Extreme Schwäche der Rose.

Natrium sulphuricum C 30 → Folgen von schwüler Wärme.

Sulphur C 200 → Durch Wärme- und Hitzeschaden ausgelöster Schädlingsbefall. Die Blätter sehen fahl oder gelblich-hell aus.

4.4 Witterungsschäden

Abb. 4.29 Frostschäden entstehen oft durch Spätfröste, die bereits ausgetriebenen Rosen zusetzen.

Frost- und Kälteschäden, Erfrierungen

Frostschäden an Rosen erkennt man manchmal erst im Frühjahr. Frost bringt manche Rosen zum Absterben, weil sie bis ins Mark geschädigt werden. Es entstehen Risse an den Zweigen. Dadurch ist das Eindringen von Bakterien, Pilzen oder Schädlingen möglich.

Ursache: Frostschäden entstehen auch durch Wassermangel, v.a., wenn zusätzlich eisiger Wind weht (Erfrierung durch Austrocknung). Häufig setzen Spätfröste (»Eisheiligen«) den bereits ausgetriebenen Rosen stark zu.

Schadbild: Rissige, aufgeplatzte Rinde an den Rosentrieben. Verfärbte Blätter, sofern Blattaustrieb bereits vorhanden ist.

Vorbeugung und Behandlung: Im Herbst anhäufeln und abdecken sowie an frostfreien Tagen gießen verhindert Frostschäden. Abgehäufelt wird im Frühling erst, wenn die Rose ca. 10 cm belaubte Neuaustriebe zeigt. Vorbeugend kann die »ABC-Methode eingesetzt werden (→ Kap. 4.5). Geeignete homöopathische Mittel anwenden (→ Seite 132).

Homöopathische Hauptmittel bei Frost- und Kälteschäden, Erfrierungen

Aconitum C 200	→	Plötzliche Entwicklung der Symptome! Erfrierungen durch Frosteinwirkung. Oft auch nach Frost und Austrocknung. Blätter sehen hell-grün bis weiß-grau bis weißlich-grün aus.
Belladonna C 200	→	Plötzliche Entwicklung der Symptome! Erfrierungen durch Frosteinwirkung, häufig durch anschließende »Wintersonne« zusätzlich geschädigt. Blätter sind im Frühling rötlich bis rötlich-braun.
Calendula C 30	→	Risse durch Frostschäden. Sehr gutes Aufbaumittel bei Schwächezeichen.
Camphora C 30	→	Nach starkem Frost (und nach starker Hitze). Verträgt weder Hitze noch Kälte. Kampher strömt selbst eisige Kälte aus.
Carbo vegetabilis C 30	→	Folgen von Kälteeinwirkung, Erfrierungen. Frisch ausgetriebene Blätter sind schwarz, schwärzlich-braun, abgestorben, trocken. Gutes Aufbau- und Stärkungsmittel.
Psorinum C 200	→	Sehr frost- und kälteempfindlich. Mickrige Rosen, die schlecht gedeihen.
Zincum metallicum C 30	→	Folgen von Kälteeinbruch oder von lange anhaltender Kälte. Kraftlose Pflanzen – zum Aufbau und zur Stärkung.

Abb. 4.30 Tiefe Minusgrade ohne schützende Schneedecke greifen empfindliche Pflanzen besonders an. Bei bereits ausgetriebenen Rosen hilft oft kräftiges Zurückschneiden.

Hagel

Hagelschäden nehmen stark zu, die Auslöser können nur vermutet werden.

Schadbild: Die »Schlagstellen« sind als Wunden auf den Trieben sichtbar, Knospen, Blüten sowie Zweige werden abgerissen, geknickt oder entlaubt. Manchmal bedeutet das den »Tod« für die Rose.

Vorbeugung und Behandlung: Es gibt keine vorbeugenden Maßnahmen. Geeignete homöopathische Mittel anwenden (→ unten).

Homöopathische Hauptmittel bei Hagelschäden		
Aconitum C 200	→	Plötzliche Entwicklung der Symptome! Schock- und Kältemittel. Hagel ist eisig; dies ist für die Pflanze neben den Verletzungen durch Hagel ein Schock sowie enormer Stress.
Arnica C 200	→	Stoß, Schlag, Fall. Hagel verletzt die Pflanze; Hagel schlägt sowohl in Blätter als auch in die Rinde Wunden.
Calendula C 30	→	Rissverletzungen durch Hagel. Heilt zügig Rissverletzungen, sodass Pilze und Bakterien nicht so leicht eindringen können.
Nux vomica C 30	→	Folge von Stress. Kälteempfindlichkeit.

Regen, lang anhaltender/Staunässe

Rosen sind sehr empfindlich gegen Nässe auf den Blättern oder Staunässe im Wurzelbereich.

Schadbild: Die Blätter sind durch Nässe empfänglich für Pilzerkrankungen aller Art. Die Wurzeln faulen, werden matschig und riechen modrig.

Vorbeugung und Behandlung: Vor der Pflanzung: Gründliche Bodenvorbereitung ist notwendig. Nach der Pflanzung:

Den Boden mit der Rosengabel lockern, sodass Staunässe vermieden wird. Geeignete homöopathische Mittel anwenden (→ unten).

Homöopathische Hauptmittel bei Regen, lang anhaltender/Staunässe

Belladonna C 200	→	Plötzliche Entwicklung der Symptome! Nach anhaltendem, kaltem Regen treten plötzlich Krankheiten oder Schädlingsbefall auf, die Rosen welken plötzlich. Rosen vertragen im Allgemeinen keine Nässe auf den Blättern. Die Blätter verfärben sich bräunlich-rötlich.
Cuprum metallicum C 30	→	Folgen von lang anhaltendem Regen. (Echter Mehltau, Pilzbefall allgemein). Gutes Aufbau- und Stärkungsmittel.
Dulcamara C 30	→	Folgen von lang anhaltendem, kaltem Regen mit Staunässe im Wurzelbereich (ähnlich *Belladonna, Pulsatilla, Silicea, Thuja*).
Natrium sulphuricum C 30	→	Folgen von schwül-warmem Regen, der länger als 9 Stunden dauert. Pilzbefall durch Nässe, Schwüle, feuchte Wärme.
Pulsatilla C 30	→	Folgen von lang anhaltendem, kaltem Regen. Kalte Nässe und Staunässe im Wurzelbereich (»erkältet sich über die Füße« (ähnlich *Silicea*). Möchte gerne einen zugluftfreien Platz, trotzdem ist Luftzirkulation notwendig.
Rhus toxicodendron C 200	→	Folgen von feuchtem, nasskaltem Wetter (v.a. Sternrußtau), Pilzbefall allgemein.
Silicea C 200	→	Folgen von Kälte, nasskaltem Wetter. Folgen von kalter Staunässe im Wurzelbereich (ähnlich *Belladonna, Dulcamara, Pulsatilla, Thuja*). Sehr gutes Aufbau- und Kräftigungsmittel.
Thuja C 30 (C 200)	→	Kann bereits vorbeugend bei nasser Kälte eingesetzt werden, bevor Pilzbefall ausbricht. Folgen von Kälte und feuchter Kälte, kalt-nebeliges Wetter, kalter Staunässe im Wurzelbereich.

Wind- und Sturmschäden

Durch Wind oder Sturm entstehen jährlich beträchtliche Schäden an unseren Pflanzen. Meistens sind eher größere Bäume, häufig Obstbäume, betroffen.

Schadbild: In den letzten Jahren haben zunehmend starke Winde auch im Garten Bruch- und Knickstellen an diversen Pflanzen verursacht.

Vorbeugung und Behandlung: Es gibt keine vorbeugenden Maßnahmen. Geeignete homöopathische Mittel anwenden (→ unten).

Homöopathische Hauptmittel bei Wind- und Sturmschäden		
Aconitum C 200	→	Plötzliche Entwicklung der Symptome! Schock- und Kältemittel. Wenn kalter Wind oder Sturm die Pflanzen peitscht, ist das Stress und somit ein Schock für die Pflanzen.
Arnica C 200	→	Stoß, Schlag, Fall. Verletzungen durch Wind- oder Sturmbruch.
Calendula C 30	→	Rissverletzungen durch Wind oder Sturm. Heilt zügig Rissverletzungen, sodass Pilze und Bakterien nicht so leicht eindringen können.
Nux vomica C 30	→	Folge von Stress. Kälte- und Zugluftempfindlichkeit.
Staphisagria C 200	→	Nach Rosenschnitt. Schnittverletzungen. Wenn Äste und Stiele nach Windschäden verletzt sind und geschnitten werden müssen.

Abb. 4.31 Zu starke Sonneneinstrahlung schädigt insbesondere junge Blätter, Blüten und Hagebutten.

Sonne/Sonnenbrand

Rosen sind »Sonnenkinder«, können jedoch bei zu intensiver Sonneneinstrahlung einen Sonnenbrand bekommen. Diese Sonnenschäden (→ Abb. 4.31) schwächen die Rosen.

Ursache: Häufig in den ersten Frühlingstagen nach Frost und anschließender starker Sonne. Die jungen Blätter sind noch nicht an die intensive Strahlung und Wärme gewöhnt. Aber auch in sehr heißen Sommern kommt Sonnenbrand vor. Übergießen der Blätter bei starker Sonne verursacht Sonnenbrand.

Schadbild: Die Blätter verfärben sich z.T. braun bis rötlichbraun. Oft erscheinen trockene Stellen auf den Blättern. Rosenblüten bilden einen »runden Kopf«.

Vorbeugung und Behandlung: Beschattung der empfindlichen Rosen, bis diese die stärkere Sonne gewöhnt sind – auch wenn es »komisch« aussieht, den Rosen mit einem Sonnenschirm (bei empfindlichen Rosen) Schatten zu spenden. Geeignete homöopathische Mittel anwenden (→ unten).

Homöopathische Hauptmittel bei Sonnenbrand

Belladonna C 200	→	Plötzliche Entwicklung der Symptome! Sonnenbrand nach starker Sonnenbestrahlung. Sonnenbrand durch nasse Blätter und starker Sonneneinstrahlung (Brennglaseffekt). Blätter bekommen bräunlich-rötliche Blasen, oft an den Blatträndern. Wintersonne nach Frost.
Causticum C 30	→	Blasenbildung auf den Blättern durch Sonneneinstrahlung. Folgen von lange anhaltender Trockenheit.
Gelsemium C 200	→	Folgen von warmem Föhnwind, von kaltem zu warmem Wetter. Die Rose lässt die Blätter schlaff hängen. Sonnenbrand nach Sonneneinstrahlung.
Phosphorus C 200	→	Verbrannt aussehende Blattspitzen durch Sonnenbrand.

Mein Rosen-Tipp

Nur den Wurzelbereich mit temperiertem Wasser gießen.
Bei kaltem Wasser droht ein Schock.

Abb. 4.32 Wenn die Verbrennungen z. B. durch intensive Sonne an Südwänden zu stark ist, vertrocknet das Laub und wird abgeworfen.

Wärme- und Hitzeschäden

Nicht immer ist Frühling, mit seinen angenehmen Temperaturen. Wärme und Hitze über längere Zeit setzen unseren Rosen zu (→ Abb. 4.32). Auch intensive Sonneneinstrahlung nach Frost ist für die Rosen nicht zuträglich.

Ursache: Hitze, Trockenheit, Wassermangel. Verdichteter, nicht durchlüfteter Boden.

Schadbild: Die Blätter zeigen vertrocknete Stellen, z.T. wird Laub abgeworfen.

Vorbeugung und Behandlung: Ausgiebiges, aber nicht tägliches Bewässern mit möglichst temperiertem Wasser im Wurzelbereich. Nach dem Wässern und Abtrocknen des Bodens vorsichtig häckeln oder mit der zweizinkigen Rosengabel durchlüften.

Geeignete homöopathische Mittel anwenden (→ Seite 138).

Homöopathische Hauptmittel bei Wärme- und Hitzeschäden

Aconitum C 200	→	Plötzliche Entwicklung der Symptome! Schnelles Welken der Blätter mit deutlichen Trocknungszeichen, Blattfarbe eher hell-grau bis hell-grün. Intensive Sonneneinstrahlung nach Frost und Kälte.
Arsenicum album C 200	→	Schnell vertrocknende Pflanzen nach langen Wärme- und Hitzeperioden. Schwäche- und Aufbaumittel nach Trockenheit.
Belladonna C 200	→	Plötzliche Entwicklung der Symptome! Schnelles Welken, Blattfarbe rötlich-bräunlich. Wintersonne nach Frost.
Natrium carbonicum C 30	→	Nach intensiver Sommerhitze und Sonnenbestrahlung: Restschäden nach behandeltem Sonnenbrand, die mit *Belladonna* oder Gelsemium gebessert wurden. Überalterte Rosen, die einen »Kraftschub« benötigen.
Natrium chloratum C 30	→	Folgen von zu viel Hitze und Sonne (braucht Beschattung). Nach Überdüngung von Rosen. Nach Vernachlässigung.
Sulphur C 200	→	Wassermangel. Erholt sich trotz Bewässerung nicht.

4.5 Homöopathische Anwendungen im Jahresverlauf

Abb. 4.33 Der Kirschbaum gehört wie auch viel andere Obstbäume zu den Rosengewächsen.

Nicht vergessen: Die Rose ist eine etwas empfindliche oder zickige »Diva« unter den Blumen und reagiert sehr gut auf die homöopathischen »Kummermittel«. Der »Kummer« kann durch mehrere Ursachen entstehen, z.B. Vernachlässigung oder Stress, Urlaub, Wassermangel, Umsetzen der Rose oder auch durch Pflegefehler.

Mein Homöopathie-Tipp

Ignatia C 30	Nach Pflegefehlern und Vernachlässigung (z.B. Urlaub, Wassermangel). Die Rose ist empfindlich und schnell »betrübt« oder »bekümmert«. Sehr zugluftempfindlich.
Natrium chloratum C 30	Nach Pflegefehlern (Überdüngung). Schädlingsbefall durch Vernachlässigung. Braucht Beschattung.

November bis Mai

!
Merke
Auch im Winter sollte an frostfreien Tagen vorsichtig gegossen werden. Vorsicht, die »Abhäufelung« sollte dabei nicht weggegossen werden.

Frostschutz

Meine »ABC-Methode«: Die folgenden Arzneimittel können vorbeugend ausgebracht werden, wenn der Wetterdienst Frost ankündigt. Die einzelnen Arzneien werden im Abstand von mindestens 1 Woche Pause gegossen. Die nächste Anwendung kann jedoch auch erst nach einigen Wochen erfolgen, je nachdem, ob das Wetter es zulässt oder nicht, daher keine Angabe.

Homöopathische Hauptmittel bei Frost		
Vor Frost oder nach Frost	→	**Aconitum C 200**
1–? Wochen später, je nach Witterung	→	**Belladonna C 200**
1–? Wochen später, je nach Witterung	→	**Calendula C 30**

Bitte an frostfreien Tagen vormittags den Wurzelbereich sowie das Erdreich rund um die Pflanze gießen.

Versetzen der Rosen

Es bleibt nicht aus, dass Rosen versetzt werden müssen. Nicht jeder Standort behagt jeder Rose. Die Rose vorsichtig ausgraben, sodass die Wurzeln möglichst keine Verletzungen erleiden.

Homöopathische Hauptmittel bei Versetzen der Rosen		
Aconitum C 200	→	Plötzlich! Die Rose welkt und vertrocknet nach dem Umsetzen sehr schnell.
Arnica C 200	→	Verletzungen von Wurzeln oder Trieben, Schockmittel.

Calendula C 30	→	Rissverletzungen oder Abschürfungen von Wurzeln und Rosenzweigen.
Ignatia C 30	→	Falls der neue Standort auch nicht gefällt. Die Rose ist schnell »beleidigt«, jede Veränderung stört sie. Sehr gutes Stärkungsmittel für empfindliche Rosen. Sehr zugluftempfindlich.
Nux vomica C 30	→	Das Umsetzen ist purer »Stress« für die Rose. Zugluft- und kälteempfindlich.
Staphisagria C 200	→	Schnittverletzungen durch den Spaten.

März bis April

Neupflanzung oder Versetzen

Nach Neupflanzungen und Versetzen sollte das Gießen nicht vergessen werden. Um die Rose gut anwurzeln zu lassen, werden folgende Mittel verabreicht.

Homöopathische Hauptmittel bei Neupflanzung/Versetzen		
Aconitum C 200	→	Wenn Rosen vor der Pflanzung zu lange der Kälte ausgesetzt waren, Schnelles Vertrocknen. Schockmittel.
Arnica C 200	→	Verletzungen von Wurzeln oder Trieben. Fördert Wurzelbildung. Schock durch Umpflanzen.
Calendula C 30	→	Rissverletzungen oder Abschürfungen von Wurzeln und Rosenzweigen. Fördert die Wurzelbildung, wirkt antibakteriell, antiseptisch.
Nux vomica C 30	→	Das Ein- oder Umsetzen ist purer »Stress« für die Rose.
Staphisagria C 200	→	Einkürzen von Wurzeln, unterirdisch. Schnitt von Rosentrieben, oberirdisch. Sehr gutes Heilmittel nach Schnittverletzungen.

Rosenschnitt

Die meisten Rosensorten müssen unbedingt geschnitten werden, das fördert kräftiges Austreiben und Blütenbildung.

Homöopathische Hauptmittel bei Rosenschnitt

Arnica C 200	→	Alle Verletzungen. Pflanzensaftaustritt an der Schnittstelle. Schockmittel.
Calendula C 30	→	Riss- und Schürfverletzungen. Alle Verletzungen.
Silicea C 200	→	Schlechte Wundheilung an der Schnittstelle, falls Staphisagria nicht zügig heilt.
Staphisagria C 200	→	Schnittverletzungen, Verletzungen allgemein. Sehr gutes Heilmittel nach Schnittverletzungen.

Mein Rosen-Tipp

Für den Rosenschnitt bitte eine scharfe, saubere Rosenschere verwenden.

Vorbeugung/Kräftigung

Homöopathische Hauptmittel zur Vorbeugung

Silicea C 200	→	Direkt nach dem Abhäufeln, speziell für Rosen, die in den Vorjahren immer schon geschwächelt haben. Bei kräftigen, gesunden Rosen reicht eine Anwendung pro Jahr vor der ersten Blüte im Mai.
Calcium carbonicum D 6	→	Nach dem Blattaustrieb. Rosen mit schwachen Zweigen, die jedes Jahr kaum ihre schweren Blüten tragen können.Dosierung: 1 x täglich, 3 Tage hintereinander. Nicht häufiger anwenden, denn zu häufige Gaben können Mangelzustände der anderen Spurenelemente hervorrufen.

Mai bis Juli

Kräftigung

Die Rosen werden durch *Silicea* insgesamt kräftiger, die Blätter glänzender, die Blühfreudigkeit wird angeregt. Wenn Sie bereits nach der ersten Anwendung eine deutliche Besserung bemerken, wiederholen Sie *Silicea C 200* erst dann, wenn Sie eine Schwäche der Rose bemerken. Oft reicht pro Jahr eine einmalige Behandlung völlig aus.

> **Merke**
> Die gesamte Rose an einem hellen Vormittag übergießen, sodass die Blätter rasch wieder abtrocknen können. Nicht bei starker Sonne über die Blätter gießen – Sonnenbrandgefahr durch Brennglaseffekt.

Homöopathische Hauptmittel zur Kräftigung

Anfang Mai: Silicea C 200	→	Vor der ersten Blüte: Zur Stärkung und Kräftigung, einmalige Gabe.
Nur, falls notwendig:		
Anfang Juni: Silicea C 200	→	Zur Stärkung und Kräftigung, einmalige Gabe.
Anfang Juli: Silicea C 200	→	Zur Stärkung und Kräftigung, einmalige Gabe. Niemals später als bis Mitte/Ende Juli verabreichen, sonst treibt es die Rosen zu stark an und sie kommen zu spät in die Winterruhe.

Abb. 4.34 Eine vorbeugende homöopathische Behandlung hilft auch gegen potenzielle Rosenschädlinge.

Krankheiten und Schädlinge

Je nach Witterung machen sich die ersten Pilzerkrankungen und Schädlinge bemerkbar.

Homöopathische Hauptmittel bei Krankheiten und Schädlingen		
Camphora C 30	→	Vertreibt zügig Ameisen; Ameisen halten sich Blattläuse als Nahrungsquelle. Sie »melken« deren »Honigtau«.
Cimicifuga C 30	→	Sehr effektives Blattlausmittel an Rosengewächsen. Wenn eine Besserung erfolgt, wird erst wiederholt, wenn Läuse wiederkehren.
Sulphur C 200	→	Wickler-Raupen, sonstige Raupen (Kleiner Kohlweißling), Schädlinge aller Art. Gegen alles, was so »kreucht und fleucht«.

Zu weiteren Arzneimitteln → Kap. 4.1– 4.3

Entwässerung

Um die Gefahr von Frostschäden zu minimieren, ist die Entwässerung der Pflanzenzelle **ab Mitte bis Ende Juli - allerspätestens jedoch Ende August** - eine geeignete Maßnahme. Hierzu eignet sich sehr gut *Kalium carbonicum C 30.*

Sternrußtau

Sternrußtau ist von **Juli bis September** unter den Pilzerkrankungen vorherrschend. In diesem Fall kommt am häufigsten *Rhus toxicodendron C 30/C 200* zum Einsatz (→ Kap. 4.1).

> **!** Merke
> Bitte alle befallenen Blätter vom Boden absammeln, verbrennen oder in die Bio-Tonne geben. Die Pilzsporen vermehren sich ansonsten weiter und infizieren die Rosen im kommenden Jahr erneut.

Grundlegender Frostschutz

Auf die Gefahr hin, dass ich mich wiederhole – doch es kann nicht oft genug darauf hingewiesen werden: Zum Abschluss des Rosenjahrs übergießen Sie bis spätestens **Ende Juli bis spätestens Ende August** die gesamte Rose an einem hellen, trockenen Vormittag mit *Kalium carbonicum C 30. Kalium carbonicum C 30* entwässert die Pflanzenzelle, sodass die Rose weniger frostanfällig ist.

Ab Oktober

Rosen winterfest machen

- Wichtig ist, dass die Rosen gut mit Wasser versorgt in den Winter gehen – deshalb an trockenen Tagen bitte gießen. Viele Rosen erfrieren nicht, sondern vertrocknen.
- Sobald die Tage und Nächte kälter werden und Frost droht, bitte die Rosen gut mit Erde anhäufeln; ich stecke zusätzlich noch Tannenreisig darüber, um die angehäufelte Erde über der Rose zu halten. Es gehört nämlich zur Lieblingsbeschäftigung von Amseln, im Winter in dieser lockeren Erde nach Nahrung zu suchen.
- Bei Ankündigung von Frost durch den Wetterdienst kann meine »ABC-Methode« (→ Kap. 4.5) um den Wurzelbereich der Rosen zur Anwendung kommen.

Anwachsförderung

Bei der Neupflanzung von »wurzelnackten« Rosen, Container-Rosen, oder beim Standortwechsel Ihrer älteren Rosen im Herbst sind in den Monaten **Oktober bis Dezember** folgende Mittel angezeigt:

Homöopathische Hauptmittel zur Anwachsförderung		
Aconitum C 200	→	Wenn Rosen vor der Pflanzung zu lange der Kälte ausgesetzt waren, Schock durch Kälte sowie Schock durch Versetzen.
Arnica C 200	→	Fördert Wurzelbildung, Verletzungen und/oder Schock durch Umpflanzen.
Calendula C 30	→	Fördert Wurzelbildung, Rissverletzungen, antibakteriell, antiseptisch.
Nux vomica C 30	→	Rosen werden z.T. vor dem Verschicken in Kühlräumen gelagert und sind teilweise auch kalter Zugluft ausgesetzt.
Staphisagria C 200	→	Schnittverletzungen nach Schnitt von Wurzeln, unterirdisch. Schnittverletzungen nach Schnitt von Ästen, oberirdisch.

4.6 Mangelerscheinungen

Die Beschaffenheit unserer Böden hängt vom Ausgangsgestein ab. Guter Gartenboden enthält ausreichend Humusstoffe und Tonanteile. Um das Mikroleben im Garten günstig zu beeinflussen, versorgen Sie ihn mit Kompost, Gehäckseltem und Gründüngung. Ganz wichtig ist jedoch: Auflockern. Also, etwas »Fitness« ist angesagt. Mit der homöopathischen Behandlung können Sie den Boden sanft, aber nachhaltig versorgen.

Eisenmangel (Fe)

Schadbild: Es zeigen sich große, hellgelbe Areale auf dem Blatt (chlorotische Blätter), nur die Adern bleiben grün. Häufig sind die jungen Blätter stärker betroffen als die älteren; diese sind dann durchwegs gelb gefärbt.
Vorbeugung und Behandlung: Um die Eisenaufnahme der Rosen zu fördern, empfiehlt es sich, den Kalkbedarf des Bodens durch eine Bodenprobe zu ermitteln. Zusätzlich sollte in Trockenperioden ausreichend gewässert werden. Geeignete homöopathische Mittel (→ unten) anwenden.

Homöopathische Hauptmittel bei Eisenmangel

Calcium carbonicum D 6	→	Bei Kalkmangel des Bodens. Die Rosentriebe sind dünn und können die Blüten kaum halten. Im zeitigen Frühjahr 1 x täglich an 3 aufeinanderfolgenden Tagen über die Rosen gießen. Nicht häufiger anwenden, denn zu häufige Gaben können Mangelzustände der anderen Spurenelemente hervorrufen.
Ferrum phosphoricum C 30	→	Eisenmangel, Chlorose. Die Pflanzen können kein Blattgrün ausbilden. Große, hellgelbe Areale auf den Blättern. Junge Blätter sind z.T. durchwegs gelb gefärbt.

Kalium carbonicum D 6	→	Sehr guter Dünger bei Eisenmangel. 1 x täglich an 3 aufeinanderfolgenden Tagen gießen.
Lycopodium C 30	→	Gelbfärbung der Blätter, vorzeitige Herbstfärbung.
Sulphur C 200	→	Reinigt die Pflanzenzelle und verbessert die Wasseraufnahme.

Kaliummangel (K)

Schadbild: Rötliche Verfärbungen auf den jungen Blättern. Die älteren Blätter sind eher bräunlich. Die Blüten bleiben klein.
Vorbeugung und Behandlung: Zur Vorbeugung → Kap. 1.2. Geeignete homöopathische Mittel (→ unten) anwenden.

Homöopathische Hauptmittel bei Kaliummangel

Belladonna C 200	→	Rötliche bis rötlich-braune Verfärbungen der Blätter.
Kalium carbonicum D 6	→	Wirkt in der Potenz D 6 als Düngegabe. 1 x täglich an 3 aufeinanderfolgenden Tagen gießen.

Manganmangel (Mn)

Schadbild: Insgesamt erscheinen die Blätter noch grün, auch die Blattadern sehen grün aus. Zwischen den grünen Blattadern sieht man gelbe, blasse Zonen. Die jungen Blätter sind nicht so stark betroffen wie die älteren.

Homöopathische Hauptmittel bei Manganmangel

Arnica C 200	→	Die Arnikawurzel ist manganhaltig. Fördert das Wurzelwachstum sowie die »Durchblutung« der Leitungsbahnen.

Magnesiummangel (Mg)

Schadbild: Magnesiummangel sieht man an streifigen, gelben Flecken, die von der Mittelrippe des Fiederblattes ausgehen. Die Blattränder bleiben grün, aber die Mitte wird deutlich heller und gelblich. Das Blatt stirbt an der Mittelrippe entlang ab. Früher Blattabfall.

Vorbeugung und Behandlung: Es gibt keine vorbeugenden Maßnahmen. Geeignete homöopathische Mittel (→ unten) anwenden.

Homöopathische Hauptmittel bei Magnesiummangel

Arnica C 200	→	Arnica fördert ein gesundes Wurzelwachstum sowie die »Durchblutung« der Leitungsbahnen.
Calcium carbonicum D 6	→	Vermindert den Säuregehalt im Boden. Im zeitigen Frühjahr 1 x täglich an drei aufeinanderfolgenden Tagen über die Rosen gießen. Nicht häufiger anwenden, denn zu häufige Gaben können Mangelzustände der anderen Spurenelemente hervorrufen.
Magnesium carbonicum D 6	→	der mittleren Blattrippe und Absterben der Blätter entlang der Mittelrippe. Sehr gutes Aufbaumittel. 1 x täglich an drei aufeinanderfolgenden Tagen über die Rosen gießen.
Magnesium phosphoricum D 6	→	Magnesiummangel des Bodens. Baut durch den Phosphoranteil das Zellgewebe der Pflanzen zügig auf. Zugluftempfindlichkeit. Folgen von kalter Nässe (wie *Thuja* u.a.), kaltem Wetter, kaltem Wind. Anwendung wie *Magnesium carbonicum D 6.*

Phosphormangel (P)

Häufig weisen Hausgärten sogar einen Phosphorüberschuss auf. Eine Bodenprobe gibt Klarheit.

Schadbild: Phosphormangel zeigt sich durch frühen Blattabfall und verkrüppelte Triebe, ebenso durch Klein- oder Minderwuchs. Die jungen Blätter sind dunkelgrün, aber deutlich kleiner als normal. Außerdem können die Blattunterseiten purpurfarben gezeichnet sein.

Geeignete homöopathische Mittel (→ unten) anwenden.

Homöopathische Hauptmittel Phosphormangel

Ferrum phosphoricum C 30	→	Die Pflanzen können kein Blattgrün ausbilden. Große, hellgelbe Areale auf den Blättern. Junge Blätter sind z.T. durchwegs gelb gefärbt.
Phosphorus C 200	→	Wenn die Bodenprobe einen Phosphormangel anzeigt. Bei phosphorarmem Boden sehr gutes Aufbau- und Stärkungsmittel, regt das Wachstum an. Folgen von Verletzungen, heftigen Gewittern und Kälte.
Zincum metallicum C 30	→	Phosphormangel des Bodens. Gelb-bräunliche, z.T. gefleckte Blätter entlang den Blattadern. Rosen sind kraftlos. Wirkt aufbauend und kräftigend.

Übersäuerte Böden

Schadbild: Die gesamte Rosenpflanze ist mickrig, klein und gedeiht nicht richtig. Die Rosentriebe sind dünn, unterernährt und können den schweren Blütenkopf nicht tragen. Die Blätter verfärben sich gelblich.

Vorbeugung und Behandlung: Niemals im Rosenbeet Rindenmulch verwenden, es übersäuert den Boden. Geeignete homöopathische Mittel (→ Seite 150) anwenden:

Homöopathische Hauptmittel bei übersäuerten Böden

Calcium carbonicum D 6	→	Vermindert den Säuregehalt im Boden. Die Blütenköpfe sind zu schwer für den schwachen Trieb. Im zeitigen Frühjahr 1 x täglich an drei aufeinanderfolgenden Tagen über die Rosen gießen. Nicht häufiger anwenden, denn zu häufige Gaben können Mangelzustände der anderen Spurenelemente hervorrufen.
China C 200	→	Schwäche der Rosen durch sauren Boden, kurz vor dem Eingehen.
Lycopodium C 30	→	Übersäuerung des Bodens. Schwache, kleine Rosen, geringe Wurzelbildung. Gelbliche Blattverfärbung, vorzeitiger Blattabfall im Sommer.
Nux vomica C 30	→	»Drainagemittel«, d.h., die Säure des Bodens kann »ausgeleitet« werden. Zugluft-, kälte- und stressempfindlich.
Pulsatilla C 30	→	»Drainagemittel« wie Nux vomica. Kälte- und frostempfindlich, benötigt jedoch Luftaustausch.
Sulphur C 200	→	»Drainagemittel«. Die Pflanzenzelle wird gereinigt.

Abb. Beim Falschen Mehltau (→ Seite 98) breitet sich auf der Blattunterseite ein weißgrauer schimmliger Belag aus, der sich später ins Violett-Bräunliche verfärben kann.

5. Auswahl und Dosierung der homöopathischen Arznei

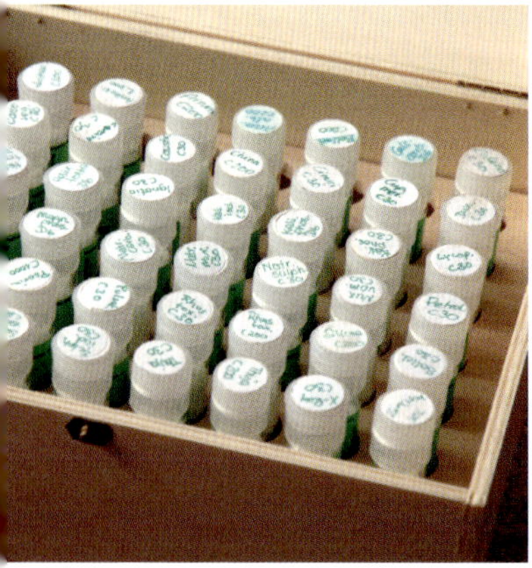

Abb. 5.1 In der homöopathischen Rosen-Apotheke finden Sie für alle Behandlungsanlässe das richtige Mittel.

5.1 Auswahl der richtigen Arznei

Zur Behandlung der verschiedenen Rosenprobleme habe ich die möglichen homöopathischen Hauptmittel mit einer kurzen Beschreibung angegeben. Doch wie finden Sie denn bei den vielen Möglichkeiten das richtige Arzneipräparat heraus?

- Orientieren Sie sich zuerst immer an den Witterungsverhältnissen (z.B. Hagel, Frost, Kälte, Nässe, Hitze, Trockenheit, Schwüle) und an den Verletzungen durch Kulturfehler (z.B. Schnitt oder Risse, → Abb. 5.2).
- Suchen Sie aus den angegebenen Hauptmitteln das Mittel (→ Abb. 5.1) aus, das Ihrem Rosenproblem am Nächsten kommt (z.B. Erkrankung, Schädlinge, Staunässe, Zugluft).
- Notieren Sie anschließend, welches Arzneipräparat dafür infrage kommt. Deshalb lesen Sie zusätzlich in der Materia medica (→ Kap. 6) die weiteren Informationen zu dem Mittel. So »filtern« Sie heraus, ob es sich um das richtige Mittel handelt.

- Falls Sie zwei oder mehrere Arzneipräparate passend finden, müssen Sie abwägen. Oberste Priorität haben immer die Wetterfolgen oder die Dinge, die man sehen kann (z.B. Schädlinge, Verletzungen, Erkrankungen). Diese sollten möglichst klar definiert werden können, d.h. »Wie war das Wetter?« Oder: »Welche Erkrankung liegt vor?« Oder: »Um welchen Schädling handelt es sich?« (→ Abb. 5.2, 5.3, 5.4).

Vorgehensweise

- Benutzen Sie zum Verrühren Löffel aus Plastik, Porzellan oder Holz. Metall kann evtl. die Wirkung des Arzneimittels stören. Aus diesem Grund sind auch Plastik-Gießkannen sinnvoller als solche aus Metall. Nach jedem Gebrauch von homöopathischen Arzneien die Gießkanne oder den Spritzbehälter gründlich reinigen (einfach mit klarem Wasser gut ausspülen).

Abb. 5.2 Kontrolle des Befalls.

Abb. 5.3 Abzählen der Globuli.

Abb. 5.4 Globuli mit einem Plastik- oder Porzellanlöffel zerdürcken.

Abb. 5.5 In 150 ml Wasser aufgelöste Globuli werden ins Gießwasser gegeben.

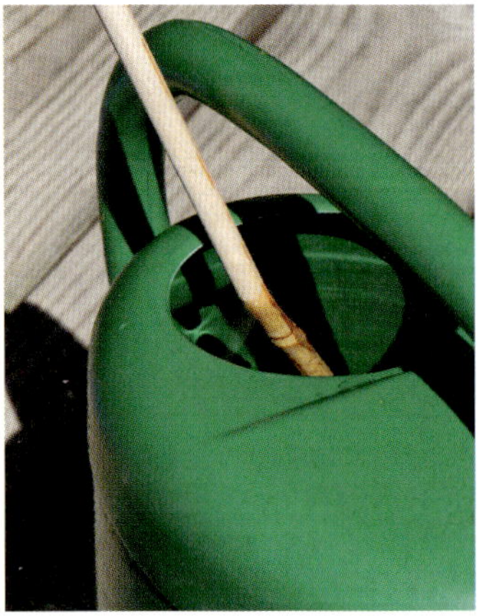

Abb. 5.6 Gießwasser kräftig durchrühren.

- Übergießen Sie am frühen Vormittag, an hellen, trockenen Tagen die Rosen mit der Arzneiwasser-Mischung. Die Blätter sollten zügig abtrocknen können. Nicht an sonnigen, heißen Tagen gießen – es besteht Verbrennungsgefahr der Blätter.
- Einfaches Übergießen mittels Gießkanne hat sich als effektiver erwiesen als das Spritzen mit einer Pflanzenspritze.
- Arzneiwasser nicht über die Haut gießen. Sehr empfindliche Menschen könnten mit einer Arzneimittelprüfung reagieren; diese ist zwar nicht gefährlich, aber auch nicht angenehm. Keine Sorge, falls Sie doch etwas unvorsichtig waren – die Arzneimittelprüfung vergeht innerhalb kurzer Zeit. Deshalb: Auch Kinder und Hunde möglichst fernhalten, bis das Laub abgetrocknet ist (das versteht sich bei Rosen von selbst, denn die meisten von ihnen haben Stacheln).

Dosierung und Anwendung

C-Potenzen

Es gibt verschiedene Möglichkeiten, das Arznei-Wasser zuzubereiten:

- Zerdrücken Sie 6–8 Globuli mit einem Plastik- oder Holzlöffel (→ Abb. 5.4) in 150 ml Wasser (entspricht etwa einem Wasserglasinhalt) und warten Sie, bis sich die Globuli vollständig aufgelöst haben. Dann rühren Sie kräftig um.
- Sie können auch abwarten, bis sich die Globuli von selbst aufgelöst haben. Dann rühren Sie diese Mischung kräftig um.
- Sie geben die Globuli in ein Schraubdeckelglas und warten, bis sich die Globuli aufgelöst haben. Dann kräftig schütteln.
- Aus dieser 150 ml Wasser-Arznei-Mischung können insgesamt 3-mal 10 l = 30 l »Arznei-Wasser« hergestellt werden. Die Portionierung in drei Teile dient dazu, die richtige Verdünnung zu bestimmen. Außerdem lässt sich eine 10-Liter-Gießkanne leichter handhaben.
- ⅓ der Wasser-Arznei-Mischung in eine mit 10 l Wasser gefüllte Plastik-Gießkanne geben. Kräftig rühren (mit Holz- oder Plastikrührlöffel, → Abb. 5.6).
- Mit diesem »Arznei-Wasser« übergießen Sie Ihre Rosen: Blattwerk, Wurzelbereich und Erdreich bis zur Traufgrenze. Sollte Ihre Rose zu hoch oder ausladend sein, gießen Sie so hoch wie möglich sowie den Wurzelbereich bis zur Traufgrenze.
- **Bei Regenperioden:** Sie können 6–8 Globuli in 150 ml Wasser auflösen und teelöffelweise (ca. 10 Teelöffel pro Rose) an die Rosenwurzeln geben. Ich habe letztes Jahr versucht, trockene Globuli direkt im Wurzelbereich auszubringen, denn der Boden war ja durch den verregneten Sommer total durchnässt. (10 Globuli pro Rose). Das wirkte auch, allerdings nicht so deutlich und zügig wie nach dem Verrührvorgang.

D-Potenzen

D-Potenzen verwende ich bevorzugt zur Düngung sowie zur Schnecken- und Wühlmausbekämpfung. (Ausnahme: Düngung mit *Silicea C 200* → Kap. 5.3).

- **Düngung:** 80 Globuli D 6 (entspricht ca. ½ Teelöffel Globuli) direkt in ca. 10 l Wasser auflösen lassen, kräftig umrühren. Über die Blätter sowie den Wurzelbereich und das Erdreich gießen.
- **Bei Regenperioden:** pro Rose ½ Teelöffel Globuli direkt an den Wurzelbereich der Rose ausbringen.
- **Schneckenbekämpfung:** 10 ml in flüssiger Form (oder ½ Teelöffel Globuli) auf 10 l Wassser, vor dem Gießen kräftig umrühren.

5.2 Arzneimittelgabe - und dann?

Nach der **ersten** Arzneimittelgabe sollten Sie beobachten, ob sich der Zustand Ihrer Rose bessert. Von dieser Reaktion hängt das weitere Vorgehen ab.

Erste Arzneigabe

- **Besserung** nach der ersten Arzneigabe innerhalb von 3–7 Tagen mit anhaltender Besserung: keine weitere Behandlung notwendig.
- **Keine deutliche Besserung** nach der ersten Arzneigabe: neues Arzneimittel aussuchen. Hierzu: Witterungsverhältnisse berücksichtigen, die krankheitsauslösend sein könnten. Die Rose genau ansehen, um die Krankheit oder den Schädling richtig zu erkennen, gründlich die Arzneimittel studieren und ein neues Mittel wählen.

Zweite Arzneigabe

- **Besserung** nach der ersten Arzneigabe für **3–4 Wochen,** es treten jedoch wieder die gleichen Krankheitssymptome oder Schädlinge auf: Wiederholung derselben Arznei.
- **Besserung** des Zustands nach der **zweiten Mittelgabe:** keine weitere Behandlung notwendig.

Dritte Arzneigabe

- **Besserung** nach der **zweiten Arzneigabe**, es treten jedoch wieder die gleichen Krankheitssymptome oder Schädlinge auf: Wiederholung der Arznei.
- **Besserung** des Zustands nach der **dritten Mittelgabe**: keine weitere Behandlung notwendig.
- **Besserung** nach der **dritten Arzneigabe,** die gleichen **Krankheitszeichen kommen** jedoch **wieder**: Wiederholung derselben Arznei, jedoch in einer höheren Potenz. Man wechselt dann von der C 30-Potenz auf die C 200 und von der C 200 auf die C 1.000.

Beispiele:

- *Psorinum C 200 und C 1.000:* Sie haben 3-mal *Psorinum C 200* verabreicht und damit eine deutliche Verbesserung der Anfälligkeit und Schwäche sowie der Pilzerkrankung erzielt. Doch jetzt kommen die gleichen Symptome wieder: Dann verabreichen Sie beim vierten Mal *Psorinum C 1.000.*
- *Rhus toxicodendron C 30 und C 200*: Die 3-malige Gabe von *Rhus toxicodendron C 30* hat den Pilzbefall zunächst für zwei bis drei Wochen gebessert. Da dieser jedoch sehr hartnäckig ist, kehrt er wieder. Dann gießen Sie beim vierten Mal *Rhus toxicodendron C 200.*

5.3 Anwendungshäufigkeit bei bestimmten Krankheiten

Die Angaben, wann eine homöopathische Arznei bei Pflanzen wiederholt wird, ist nicht einfach, es können teilweise nur ungefähre Zeitangaben gemacht werden. Hier ist Ihr Fingerspitzengefühl gefordert. Ich versuche jedoch, die Zeitangaben so genau wie möglich anzugeben, die sich in der Praxis bewährt haben.

- **Pilzkrankheiten** sind schwierig zu behandeln, oft sind eine längere Behandlungszeit sowie häufigere Arzneimittelgaben notwendig (→ Kap. 5.2).
- **Einige Pilzkrankheiten** zerstören Pflanzen rasend schnell. Hier kann in sehr hartnäckigen, schweren Fällen das gut ausgesuchte, passende Arzneimittel an 3 Tagen hintereinander 1-mal täglich gegossen werden. Dann bitte ca. 7 Tage warten, ob eine Besserung (z.B. Neuaustrieb oder Minimierung der Fleckigkeit auf den Blättern) erfolgt. Wenn Besserung eintritt → keine weitere Behandlung notwendig. Wenn keine Besserung nach 7 Tagen zu erkennen ist: → neues Mittel suchen.

> **Merke**
> Grundsätzlich gilt in der Homöopathie: Wenn sich Besserung zeigt, wird die Arznei **nicht** wiederholt. Die Wiederholung erfolgt erst, wenn sich eine Besserung gezeigt hat und die Krankheit in der gleichen Art und Weise wiederkehrt.

Abb. 5.7 Braune Blätter deuten oft auf Krankheiten und Schädlinge hin, die gut auf eine homöopathische Behandlung ansprechen.

!
Merke
Grundsätzlich gilt jedoch: Man sollte mindestens 3–7 Tage bis zur nächsten homöopathischen Anwendung abwarten.

- **Schädlingsbefall** (z.B. Blattläuse): Meistens reichen 1–2 Behandlungen aus. Bei hartnäckigen Schädlingen gießen Sie 1-mal täglich, 3 Tage hintereinander. Zum Teil sind auch 3 Behandlungen im Abstand von einer Woche ausreichend. Genau beobachten.
- **Witterungs- und Kulturschäden:** In der Regel genügt eine einmalige Behandlung.
- **Düngung C-Potenz,** z.B. *Silicea C 200* – meistens reicht die einmalige Behandlung im zeitigen Frühjahr aus. Silicea sollte nicht zu häufig angewendet werden, sonst bewirkt man eher eine Schwächung der Pflanzen, deshalb maximal drei Behandlungen pro Jahr im Abstand von 3–4 Wochen. Letzte Mittelgabe *Silicea C 200*: Mitte bis Ende Juli.
- **Düngung D-Potenz**, z.B. *Calcium carbonicum D 6, Kalium carbonicum D 6, Magnesium carbonicum D 6* oder *Magnesium phosphoricum D 6*. Das passende Mittel aussuchen. Gießen Sie die passende Arznei 1 x täglich an 3 aufeinanderfolgenden Tagen.

Mein Rosen-Tipp

→ Hygienemaßnahmen (sauberes Schneidwerkzeug) sind unbedingt einzuhalten: Werkzeuge immer wieder mit heißem Wasser und Seife waschen, mit Alkohol abreiben. Befallene Blätter entfernen, auch diejenigen Blätter, die auf dem Boden liegen. Blätter entsorgen à Bio-Tonne oder verbrennen, nie auf den Kompost geben.

→ Boden mit der zweizinkigen Rosengrabgabel gut durchlüften (der Zinkenabstand beträgt 4 cm). Auch vorsichtiges Häckeln verhindert Erkrankungen sowie Schädlingsbefall (z.B. Larven und Ameisen).

6. Materia medica
Arzneimittelbeschreibung

Aconitum (Sturmhut)

- **Allgemeine Wirkung:** Erwärmt nach Kälteeinfluss
- **Konstitutionelle Merkmale:**
  - Plötzlichkeit aller Beschwerden ist ein Hinweis auf Aconitum. Die Pflanze reagiert sehr plötzlich, welkt sehr schnell und vertrocknet.
  - Schock/Stress
  - Die Blattfarbe nach Frosteinbruch oder Erfrierungen ist grau-weiß oder hellgrau bis helles graugrün.
- **Witterungsbedingte Schäden:**
  - Erfrierungen/Frostschäden
  - Folge von kaltem, eisigem, trockenem Nordwind
  - Folge von plötzlich einsetzendem kaltem Sturm oder Wind
  - Folge von Hagelschlag
  - Folge von sehr kalten Nächten und heißen Tagen (intensive Sonneneinstrahlung)

Arnica montana (Bergwohlverleih oder »Fallkraut«)

- **Allgemeine Wirkung:**
  - Folge von »Stoß, Schlag, Fall«
  - Schock
  - »Durchblutet« die Leitungsbahnen der Pflanzen. Pflanzen werden durch Arnica bis in die Spitzen ernährt
  - Regt die Wurzelbildung an (→ auch *Calendula, Lycopodium*)
  - Aufbaumittel für schwache Pflanzen
  - Mangelerscheinungen: Magnesiummangel
  - Mangelerscheinungen: Manganmangel
- **Schäden durch Kulturfehler:** Abknicken, Umtopfen, Versetzen, Wundränder oder »Blutung« nach Rosenschnitt
- **Witterungsbedingte Schäden:** Verletzungen durch Hagelschlag, Sturm- oder Windbruch

Arsenicum album (Weißes Arsenoxid)

- **Allgemeine Wirkung:**
  - Angezeigt bei schwachem Wachstum
  - Rosen bleiben klein und sehen »mickrig« aus
  - Schnelles Eintrocknen
  - Stärkt die Rosen
- **Schädlinge:**
  - Ohrwürmer
  - Rosenkäfer
  - Thrips (Blasenfuß)
- **Schäden durch Kulturfehler:** Folgen von Vergiftungen, z.B. durch chemische Pflanzenschutzmittel

- **Witterungsbedingte Schäden:**
  - Trockene Risse im Boden
  - Nach Wärme- und langen Trockenperioden

Belladonna (Tollkirsche)

- **Allgemeine Wirkung:**
  - *Belladonna* »erwärmt« den Boden, entfacht Hitze (gut in kalten, nassen Sommern – einmalig vor dem Pflanzen auf den Boden gießen). Sehr guter »Kompost-Starter«, die Rotte im Kompost wird durch die Wärmeentwicklung beschleunigt
  - Mangelerscheinungen: Kalium-Mangel
- **Konstitutionelle Merkmale:**
  - Plötzlichkeit aller Beschwerden ist ein Hinweis auf Belladonna (→ auch *Aconitum*)
  - Schnelles Welken
  - Blattfarbe: rötlich bis rötlichbraun (nach Erfrierung und anschließender Sonneneinstrahlung = Wintersonne)
  - Verträgt weder Regen noch sehr starke Sonne
- **Schädlinge:**
  - Rota Spinne, Spinnmilbe (rötlich bis rötlich-braun verfärbte Blätter durch Spinnmilbenbefall)
- **Spezielle Erkrankungen:**
  - Pilzbefall diverser Pilze, durch Nässe der Blätter
  - Rindenfleckenkrankheit, bei rötlichbraun gefärbten Flecken der Rinde (wurde noch nicht versucht)
  - Sämtliche Erkrankungen, die durch Überhitzung/Sonneneinstrahlung verursacht wurden
  - Sternrußtau durch anhaltenden Regen und Nässe der Blätter
- **Witterungsbedingte Schäden:**
  - Folge von Frost und anschließender starker Sonneneinstrahlung
  - Folge von Hitze/Hitzeschäden
  - Nach zu langen Regenperioden – Rosenblätter vertragen wenig Nässe
  - Nach zu viel Sonne/Sonnenbrand
  - Blasenbildung auf den Blatträndern durch Sonnenbrand
  - Wassermangel im Winter

Calcium carbonicum (Austernschalenkalk)

- **Allgemeine Wirkung:**
  - Wichtiges Aufbaumittel (Potenz D6, als Dünger eingesetzt, ist ein guter Wachstumsstarter für schwachtriebige Rosen. (Im zeitigen Frühjahr, 1 x täglich, an drei aufeinanderfolgenden Tagen; häufigere Gaben

  können Mangel an anderen Spurenelementen auslösen)
  - Mangelerscheinungen: Eisenmangel
  - Mangelerscheinungen: Magnesiummangel
  - Bei Schwächezuständen, kein richtiges Gedeihen
  - Übersäuerung des Bodens (durch Übersäuerung kann auch Mangel an anderen Mineralstoffen entstehen)
- **Konstitutionelle Merkmale:**
  - Empfindlich gegen kaltes Gießwasser
  - Empfindlich gegen kalte Luft
  - Rosen, die schwache Stängel oder schwache Triebe haben. Der Blütenkopf ist zu schwer für den Rosentrieb
  - Übersäuerung des Bodens
  - Zu schwache Triebe, die leicht abknicken

Calendula (Ringelblume)

- **Allgemeine Wirkung:**
  - Sehr gutes Aufbaumittel bei geschwächten Pflanzen
  - Wirkt antibakteriell und antiseptisch
  - Fördert Wurzelwachstum (→ auch *Arnica, Lycopodium*)
  - Vor dem Setzen der Rosen: einige Stunden in *Calendula-C 30*-Wasser stellen
  - Nach dem Setzen mit *Calendula-C 30*-Wasser angießen
  - Nach dem Umtopfen mit *Calendula-C 30*-Wasser gießen
- **Spezielle Erkrankungen:**
  - Rindenfleckenkrankheit, nach Rissverletzung durch unsachgemäßen Schnitt (wurde noch nicht versucht)
  - Rosenrost (wurde noch nicht versucht)
- **Schäden durch Kulturfehler:**
  - Rissverletzungen von Wurzeln oder anderen Pflanzenteilen beim Setzen oder Umtopfen
  - Folge von Rissverletzungen oder Abschürfungen von Pflanzenteilen
  - Folge von unsachgemäßem Pflanzenschnitt (Abschürfungen, Risse)
- **Witterungsbedingte Schäden:**
  - Rissverletzungen durch Windbruch, Hagel
  - Rissverletzungen durch Frost (Erfrierungen) und Sonneneinstrahlung

Camphora (Kampfer)

- **Allgemeine Wirkung:** Schwache Pflanzen durch Schädlingsbefall
- **Konstitutionelle Merkmale:** Verträgt weder Hitze noch Kälte (strömt selbst »eisige« Kälte aus)
- **Schädlinge:**
  - Ameisen

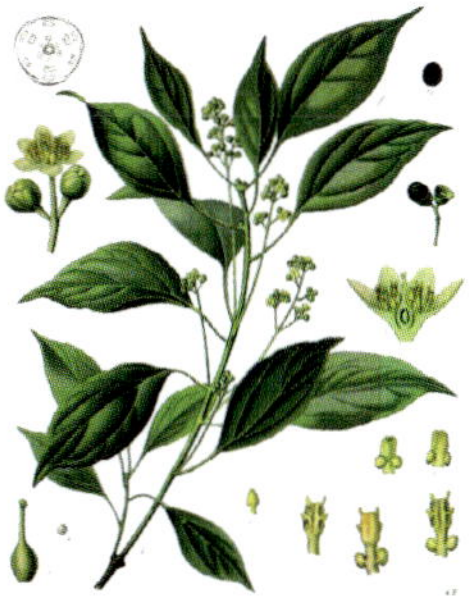

- Blattläuse
- Rosenschildläuse
- Sonstige Schädlinge
- **Witterungsbedingte Schäden:**
  - Hitze- sowie kälteempfindliche Pflanzen
  - Folge von starker Sonneneinstrahlung (Kollapsneigung)
  - Folge von kaltem Wind

> **!** Merke
> Das Camphora-Arzneifläschchen immer gut geschlossen halten. Es kann andere Arzneien antidotieren = unbrauchbar machen.

Carbo vegetabilis (Holzkohle)

- **Allgemeine Wirkung:**
  - Aussehen: schwarz, schwarzfleckig, abgestorben, trocken, schwach
  - Zur Stärkung der Pflanzen, Schwächemittel
- **Schädlinge:**
  - Schwarzer Rußtaupilzbelag durch Honigtauausscheidung der Blattläuse oder sonstiger Schädlinge
- **Spezielle Erkrankungen:**
  - Blattflecken-Krankheit (Grauschimmel)
  - Braunfäule, Blätter sehen schwarzbraun aus
  - Echter Rosenmehltau
  - Falscher Mehltau
  - Pilzbefall, allgemein – schwarzbraune Flecken
  - Sternrußtau
- **Schäden durch Kulturfehler:**
  - Pilzbefall nach Schnittverletzungen – schwarz-braune Schnittstelle
- **Witterungsbedingte Schäden:**
  - Folgen von Kälteeinwirkung, Erfrierungen
  - Wetterwechsel von warmem zu kaltem Wetter
  - Vergiftung durch Säuren, »saurer« Regen

Causticum (Ätzkalk)

- **Konstitutionelle Merkmale:** Pflanze fühlt sich wohler in feuchter, nebliger Luft und durch Besprühen
- **Schädlinge:**
  - Rote Spinne (Spinnmilbe)
  - Thrips (Blasenfuß)
- **Witterungsbedingte Schäden:**
  - Folge von lang anhaltender Trockenheit
  - Sonnenbrand (bildet Blasen auf den Blättern)

China officinalis (Chinarindenbaum)

- **Allgemeine Wirkung:**
  - Extreme Schwäche von Pflanzen, kurz vor dem Eingehen
  - Übersäuerung des Bodens
- **Schädlinge:** Thrips. Pflanzensaftverlust durch saugende Schädlinge nach lange anhaltender Hitze und Trockenheit
- **Schäden durch Kulturfehler:** Bei Pflanzensaftverlust nach Schnittverletzungen)
- **Witterungsbedingte Schäden:**
  - Folgen von Hitze – Pflanzensaftverlust = Austrocknung
  - Folgen von anhaltender Trockenheit – Pflanzensaftverlust = Austrocknung

Cimicifuga (Traubensilberkerze, Wanzenkraut)

- **Konstitutionelle Merkmale:** sehr kälteempfindlich, v.a. auch empfindlich gegen feuchte Kälte (➔ auch Thuja)
- **Schädlinge:**
  - Blattläuse an Rosen (und Rosengewächsen). Ein sehr zuverlässig wirkendes Mittel
  - Rosenblütenstecher (wurde noch nicht versucht)

Cuprum metallicum (Kupfer)

- **Allgemeine Wirkung:** zur Kräftigung und Stärkung allgemein
- **Schädlinge:**
  - Blattläuse
  - Insektenbefall, Schädlinge allgemein (Schädlinge mögen den Geruch von Kupfer nicht)
  - Kann vorbeugend gegeben werden, wenn im Vorjahr starker Schädlingsdruck vorhanden war
- **Spezielle Erkrankungen:**
  - Echter Rosenmehltau
  - Falscher Mehltau
  - Pilzbefall allgemein
  - Rosettenkrankheit (wurde noch nicht versucht)
- **Witterungsbedingte Schäden:**
  - Folge von lang anhaltendem Regen (➔ auch *Natrium sulphuricum, Thuja)*
  - Folge von kaltem Wind (➔ auch *Aconitum*)

Dulcamara (Bittersüßer Nachtschatten)

Dulcamara ist die »Schwester« von Belladonna. Belladonna verträgt keine Nässe auf den Blättern, Dulcamara hingegen keine Nässe im Wurzelbereich.

Witterungsbedingten Schäden:

- Folge von lange anhaltendem, kaltem Regen (➔ auch *Belladonna*)
- Folge von kalter Staunässe im Wurzelbereich (➔ auch *Natrium sulphuricum, Pulsatilla, Silicea, Thuja*)
- Nach Wetterwechsel, von warmem Wetter zu kaltem Wetter, von trocken zu feucht

Ferrum phosphoricum (Weißes Eisenphosphat)

Dieses Arzneipräparat ist noch nicht in der Gartenapotheke enthalten.

- **Allgemeine Wirkung:** Mangelerscheinungen (Eisenmangel)
- **Spezielle Erkrankungen:**
  - Blattgrün kann sich nicht bilden
  - Chlorose (chlorotische Blätter), große, hellgelbe Areale auf den Blättern
  - Häufig sind junge Blätter durchwegs gelb gefärbt
- **Schäden durch Kulturfehler:** stark kalkhaltige Böden (→ auch *Calcium-carbonicum, Lycopodium, Sulphur*)

Gelsemium (Falscher Jasmin)

- **Allgemeine Wirkung:**
  - Schwächemittel, Rosen werden bei Föhn schnell schlaff, lassen Blätter und Blütenköpfe hängen
  - Stressanfällige, empfindliche Rosen (»Diva«)
- **Spezielle Erkrankungen:**
  - Viruskrankheiten (Mosaik-Krankheit)
  - Warzenartige Auswüchse auf den Blättern
- **Schäden durch Kulturfehler:** Folge von Umtopfen (Stress für die Pflanze)
- **Witterungsbedingte Schäden:**
  - Folge von Föhnwind, warmen Wind (Rose wird schnell schlaff)
  - Folge von Sonneneinstrahlung, Sonnenbrand
  - Wetterwechsel: von kaltem zu warmem Wetter (Föhn)

Helix tosta

Das aus dem gerösteten Schneckenhaus einer Weinbergschnecke aufbereitete homöopathische Mittel wird hauptsächlich zur Bekämpfung von Schnecken eingesetzt. *Helix tosta D 6* hat eine sehr gute Wirkung gegen Schnecken. Obwohl Rosen selten Schnecken anlocken, möchte ich dieses Arzneipräparat der Vollständigkeit halber erwähnen.

Ignatia (Ignatiusbohne)

- **Allgemeine Wirkung:** gutes Stärkungsmittel für sehr empfindliche Rosen »Diva« (→ auch *Gelsemium, Natrium chloratum*)

- **Konstitutionelle Merkmale:** sehr zugluftempfindlich. Folgen von Kummer
- **Schäden durch Kulturfehler:**
  - Nach Pflegefehlern und nach allgemeiner Vernachlässigung von Rosen (Urlaub, Wassermangel, etc.)
  - Für Rosen, die sehr schnell »beleidigt« sind und »kümmern«

Kalium carbonicum (Kaliumkarbonat, Pottasche)

- **Allgemeine Wirkung:**
  - »Entwässert« die Pflanzenzelle (wichtig vor dem Winter, dadurch werden Erfrierungen verhindert – Potenz: C 30)
  - Mangelerscheinungen: Eisenmangel
  - Mangelerscheinungen: Kaliummangel (Potenz: D 6)
- **Konstitutionelle Merkmale:**
  - Sehr zugluftempfindlich
- **Schädlinge:**
  - Rote Spinne (Spinnmilbe) – Potenz: sowohl D 6 als auch C 30 möglich
  - Thrips (Blasenfuß) – Potenz: sowohl D 6 als auch C 30 möglich
- **Witterungsbedingte Schäden:**
  - Folge von Wetterwechsel, feuchtem Wetter
  - Folge von nassem und kaltem Wetter

Lycopodium (Bärlapp)

- **Allgemeine Wirkung:**
  - Mangelerscheinungen (Eisenmangel)
  - Bei Übersäuerung des Bodens
  - Schwache, kleine Rosen, die nicht richtig gedeihen
  - Schwache Wurzelbildung (→ *Arnica*, *Calendula* u.a.)
- **Konstitutionelle Merkmale:**
  - Blätter zeigen gelbliche Verfärbung
- **Spezielle Erkrankungen:**
  - Blattflecken-Krankheit (Grauschimmel)
  - Pilzkrankheiten allgemein. Sehr gut nach *Rhus toxicodendron*, wenn dieses gebessert hat.
- **Schäden durch Kulturfehler:** Allgemein schlechtes Gedeihen, Herbstfärbung der Blätter im Sommer, vorzeitiger Blattabfall im Sommer, evtl. ausgelöst durch Umweltbelastungen, z.B. Mobilfunkstrahlung

Magnesium carbonicum (Bitterspat, Bittersalzerde)

- **Allgemeine Wirkung:**
  - Mangelerscheinungen: Magnesiummangel (Potenz D 6 = sehr guter Dünger)

- Schwaches Wachstum
- **Konstitutionelle Merkmale:**
  - Früher Blattabfall (→ Lycopodium)
  - Blätter bleiben grün, aber die Mitte wird deutlich heller und gelblich
  - Blätter sterben an der Mittelrippe entlang ab
- **Witterungsbedingte Schäden:** Kälteempfindlichkeit

Magnesium phosphoricum (Magnesiumphosphat)

- **Allgemeine Wirkung:**
  - Durch den Phosphor-Anteil wird das Zellgewebe zügig aufgebaut
  - Mangelerscheinungen: Magnesiummangel (Potenz: D 6, s. Magnesium carbonicum)
  - Schwaches Wachstum durch Magnesiummangel
- **Witterungsbedingte Schäden:**
  - Folge von kalter Nässe (→ auch *Pulsatilla, Thuja, Silicea*)
  - Folge von kaltem Wind, kaltem Wetter (→ auch *Aconitum*)
  - Zugluftempfindlich

Natrium carbonicum (Laugensalz)

- **Allgemeine Wirkung:**
  - Rosen, die einen »Kraftschub« benötigen
  - Wenn Rosen schon ein paar Jährchen »auf dem Buckel haben«, bei überalterten Pflanzen
- **Witterungsbedingte Schäden:**
  - Nach intensiver Hitze, Sonnenbestrahlung
  - Nach Sonnenbrand, wenn *Belladonna* oder *Gelsemium* gebessert haben, aber noch Restschäden bestehen

Natrium chloratum = Natrium muriaticum (Kochsalz)

- **Allgemeine Wirkung:** »Kummer« durch Vernachlässigung
- **Schädlinge:**
  - Blattlausbefall nach Vernachlässigung
  - Schädlinge allgemein nach Vernachlässigung
- **Spezielle Erkrankungen:**
  - Rindenfleckenkrankheit durch Überdüngung (wurde noch nicht versucht)
- **Pflegefehler:** Nach Vernachlässigung der Rosen und allen daraus entstehenden Folgeerscheinungen (→ auch *Gelsemium, Ignatia*)
- **Schäden durch Kulturfehler:**
  - Folge von Überdüngung (Versalzung)
- **Witterungsbedingte Schäden:**
  - Folge von zu viel Hitze und Sonne (braucht Beschattung)
  - Folge von salzhaltiger Luft, salzhaltigen Böden (Rosen in Meeresnähe)
  - Folge von Streusalzausbringung im Winter

Natrium sulphuricum (Glaubersalz)

- **Konstitutionelle Merkmale:** Empfindlich gegen lange andauernden Regen (länger als 9 Stunden), schwül-warmes Wetter, feuchte Schwüle
- **Spezielle Erkrankungen:**
  - Echter Rosenmehltau
  - Falscher Mehltau
  - Pilzbefall allgemein
  - Rindenfleckenkrankheit, evtl. ausgelöst durch zu frühes Anhäufeln, durch zu spätes Abdecken oder zu dichtes Abdecken (wurde noch nicht versucht)
  - Sternrußtau
- **Witterungsbedingte Schäden:**
  - Folge von sehr feuchtem, schwülwarmem Wetter
  - Folge von Regen, der länger als 9 Stunden dauert
  - Folge von warmen, lange andauernden Regenperioden
  - Schimmelbildung durch feucht-warmes Wetter
  - Wetterwechsel von kalt zu warm, von kalt zu feucht-schwül

Nosoden

Aus den von Krankheit befallenen Pflanzenteilen oder aus den Schädlingen lässt sich eine Nosode herstellen:

- Befallene Blätter, Triebe etc. einsammeln, trocknen lassen und in einem Metallgefäß verbrennen. 2–3 Teelöffel dieser Asche in ca. 10 l Wasser einrühren, die gesamte Rose damit übergießen.
- Bei Schädlingen kann dieses Prinzip ebenfalls angewendet werden. Bei Schnecken ist dies kein Problem, sie sind groß. Sonstige Rosenschädlinge sind eher klein (außer Raupen) und Sie benötigen sehr viel davon, um ein wenig Asche zu produzieren.

Nux vomica (Brechnuss)

- **Konstitutionelle Merkmale:**
  - Stressanfällig
  - Zugluftempfindlich
- **Spezielle Erkrankungen:** Viruserkrankungen, Mosaik-Krankheit
- **Schäden durch Kulturfehler:**
  - Folge von Versetzen, Umtopfen (Stress für die Rose)
  - Übersäuerung des Bodens
  - Vergiftungen durch chemische Pflanzenschutzmittel
- **Witterungsbedingte Schäden:**
  - Folge von Hagel – Hagelschlag, verbunden mit der eisigen Kälte aus den Hagelkörner selbst, ist Stress für jede

Pflanze (➔ auch *Aconitum, Arnica, Calendula)*
- Folge von Kälte im Wurzelbereich. Sehr gut in kühleren Lagen, Berglagen (➔ auch *Belladonna*)
- Nach Wetterwechsel: von warmem zu kaltem Wetter

Petroleum (Steinöl, Bergöl)

- **Konstitutionelle Merkmale:**
  - Kälteempfindlich
  - Zugluftempfindlich
- **Schädlinge:** Für alle Schädlinge mit härterem Panzer:
  - Blattrollwespe
  - Blattwanzen
  - Ohrwürmer
  - Rosenblütenstecher
  - Rosenkäfer
  - Rosenschildläuse
- **Witterungsbedingte Schäden:**
  - Folge von starker Kälte und Frost (➔ auch *Aconitum, Belladonna*)
  - Folge von Rissverletzungen durch starke Kälteeinwirkung (➔ auch *Aconitum, Calendula*)

Phosphorus (Phosphor)

- **Allgemeine Wirkung:**
  - Sehr gutes Aufbaumittel, v. a. bei phosphorarmen Böden (bitte Bodenuntersuchung machen lassen, denn viele Gartenböden haben einen Phosphorüberschuss)
  - Mangelerscheinungen: Phosphormangel
- **Spezielle Erkrankungen:**
  - Blätter sind dunkelgrün, aber kleiner als normal
  - Blätter sehen an der Unterseite purpurfarben aus
  - Früher Blattabfall
  - Klein- oder Minderwuchs
  - Verkrüppelte Triebe
  - Viruskrankheiten (Mosaik-Krankheit, wurde noch nicht versucht)
- **Witterungsbedingte Schäden:**
  - Folge von Blitzschlag (davon sind eher größere Bäume betroffen)
  - Folge von heftigen Gewittern
  - Folge von Kälte
  - Sonnenbrand, Blattspitzen sehen verbrannt aus

Psorinum (Krätze-Nosode)

- **Allgemeine Wirkung:** stärkt und baut auf. Angezeigt bei schlechtem Gedeihen und somit ein wichtiges Aufbaumittel bei sehr kümmerlichen Rosen
- **Konstitutionelle Merkmale:**
  - Krüppelwuchs
  - Minderwuchs
  - Durch Schwäche entstandene Pflanzenkrankheiten und Schädlingsbefall
  - Zwergwuchs
- **Schädlinge:**
  - Blattläuse

- Blattwespenlarven
- Insektenbefall allgemein (wirkt gut nach Sulphur)

- **Spezielle Erkrankungen:**
  - Echter Rosenmehltau (extreme Schwäche der Rosen)
  - Falscher Mehltau (bei extrem schwachen Rosen)
- **Witterungsbedingte Schäden:**
  - Folge von Frost
  - Folge von Kälte

Pulsatilla (Küchenschelle)

- **Konstitutionelle Merkmale:** Kälte- und frostempfindlich, benötigt jedoch Luftzirkulation
- **Spezielle Erkrankungen:**
  - Blattflecken-Krankheit (Grauschimmel)
  - Rosenrost
- **Schäden durch Kulturfehler:**
  - Übersäuerung des Bodens
  - Vergiftungen durch chemische Pflanzenschutzmittel
  - Vergiftungen in Industriegebieten (Kupfer- u. Schwefeldämpfe, Chem-Trail)
  - Vergiftungen durch Autoabgase
- **Witterungsbedingte Schäden:**
  - Staunässe, kaltes Regenwasser im Wurzelbereich (→ auch *Dulcamara* u.a.)
  - Folge von lange anhaltendem, kaltem Regen (→ auch *Belladonna, Dulcamara, Natrium sulphuricum, Thuja*)

Rhus toxicodendron (Giftsumach)

- **Konstitutionelle Merkmale:** Zugluftempfindlichkeit
- **Spezielle Erkrankungen:**
  - Blattflecken-Krankheit
  - Blattflecken und Sprenkelungen der Blätter allgemein
  - Grauschimmel
  - Pilzbefall allgemein
  - Rosenrost
  - Sternrußtau
- **Witterungsbedingte Schäden:**
  - Folge von feuchtem, nasskaltem Wetter (→ auch *Dulcamara, Pulsatilla, Thuja, Silicea*)
  - Wetterwechsel von warmem zu kaltem Wetter

Silicea (Kieselerde)

- **Allgemeine Wirkung:**
  - Ein wunderbares Kräftigungsmittel für alle Pflanzen; zu häufige Anwendung vermeiden, sonst werden die Pflanzen schwach

- Verhindert Pflanzenkrankheiten sowie Schädlingsbefall durch Stärkung des Zellgewebes der Pflanzen
- Maximal 3-mal pro Saison anwenden, das letzte Mal im Juli; meistens reichen bereits eine oder zwei Behandlungen. Nicht übertreiben, »weniger ist in der Homöopathie mehr«

- **Konstitutionelle Merkmale:**
  - Minderwuchs
  - Zugluftempfindlichkeit
  - Zwergwuchs (dieser ist bei Zwergrosen normal)
- **Schädlinge:**
  - Blattläuse
  - Blattwanzen
- **Spezielle Erkrankungen:**
  - Echter Rosenmehltau
  - Falscher Mehltau (nach erfolgreicher Behandlung gegen Mehltau; zum anschließenden Aufbau der Rose)
  - Blattflecken-Krankheit (Grauschimmel)
  - Rosenrost
  - Rosettenkrankheit (wurde noch nicht versucht)
  - Sternrußtau. Nach überstandenem Sternrußtau, zur allgemeinen Kräftigung und Aufbau der Rose
- **Pflegefehler:** Vernachlässigung von Rosen
- **Schäden durch Kulturfehler:**
  - Vergiftungen durch chemische Spritzmittel
  - Vergiftungen durch Säuren
- **Witterungsbedingte Schäden:**
  - Folge von Kälte, nasskaltem Wetter (➔ auch *Belladonna, Dulcamara, Pulsatilla, Thuja*)
  - Folge von kalter Staunässe im Wurzelbereich (➔ auch *Dulcamara, Pulsatilla*)
  - Folge von Wärme und Hitze, zur anschließenden Regeneration der Rose
  - Nach Wetterwechsel von warmem zu kaltem Wetter

Staphisagria (Stephanskraut, Läusesamen)

- **Spezielle Erkrankungen:** Rindenfleckenkrankheit nach Verletzung bei Rosenschnitt (wurde noch nicht versucht)
- **Schädlinge:**
  - Blattläuse
  - Rosentriebbohrer (wurde noch nicht versucht)
  - Schädlinge allgemein
- **Schäden durch Kulturfehler:**
  - Folge von Rosenschnitt (sofort nach dem Schnitt mit *Staphisagria*

C 200-Wasser übergießen. Verhindert durch zügige Heilung das Eindringen von Bakterien, Pilzen und Schädlingen
- Folge von Verletzungen, allgemein

Sulphur (Schwefelblüte)

- **Allgemeine Wirkung:**
  - Die Pflanzen benötigen viel Wasser, sind sehr »durstig«, trotzdem kann die Rose das Wasser nicht richtig verwerten. Die Wasseraufnahme ist gestört. Nach *Sulphur C 200* zieht die Pflanzenzelle Wasser an und gibt Wasser wieder ab. So wird die Pflanzenzelle gereinigt.
  - Mangelerscheinungen: Eisenmangel
- **Schädlinge:**
  - Insektenbefall allgemein; hilft gegen vieles, was so »kreucht und fleucht«
  - Ameisen (gut nach *Camphora*)
  - Blattläuse
  - Blattrollwespe
  - Blattwanzen
  - Blattwespenlarven
  - Ohrwürmer
  - Raupen
  - Rosenblütenstecher (wurde noch nicht versucht)
  - Rosenkäfer
  - Rosenschildläuse
  - Rosentriebbohrer (wurde noch nicht versucht)
  - Rosenzikaden
  - Rote Spinne (Spinnmilbe)
  - Thrips, Blasenfuß (wurde noch nicht versucht)
- **Spezielle Erkrankungen:**
  - Echter Rosenmehltau
  - Falscher Mehltau
  - Pilzerkrankungen allgemein
  - Rindenfleckenkrankheit, evtl. durch saugende Insekten ausgelöst (wurde noch nicht versucht)
  - Rosenrost
  - Rosettenkrankheit (wurde noch nicht versucht)
  - Viruserkrankungen, Mosaik-Krankheit (wurde noch nicht versucht)
- **Schäden durch Kulturfehler:**
  - Übersäuerung des Bodens
  - Vergiftungen durch Spritzmittel
- **Witterungsbedingte Schäden:**
  - Folge von Staunässe
  - Folge von Wärme- und Hitzeschäden – Wassermangel
  - Nach Wetterwechsel: von kaltem zu warmem Wetter (*Sulphur* selbst ist heiß und kann Hitze nicht gut vertragen)

Thuja (abendländischer Lebensbaum, Sumpfzeder)

- **Allgemeine Wirkung:** Bei sehr kaltem, nassem Frühjahr oder Sommer kann *Thuja* die Rosen vorbeugend schützen
- **Konstitutionelle Merkmale:** Empfindlich gegen Feuchtigkeit, feuchte Kälte, kalten Regen, Nebel

- **Schädlinge:**
  - Blattläuse
  - Nach gebessertem Schädlingsbefall
  - Eliminiert die giftigen Ausscheidungen von Schädlingen
- **Spezielle Erkrankungen:**
  - Blattflecken-Krankheit
  - Echter Rosenmehltau
  - Falscher Mehltau
  - Pilzerkrankungen allgemein
  - Rosenrost
  - Sternrußtau
  - Viruserkrankungen, Mosaik-Krankheit (wurde noch nicht versucht)
  - Warzenartige Auswüchse auf den Rosenblättern
- **Witterungsbedingte Schäden:**
  - Folge von Kälte und Nässe, Feuchtigkeit, Nebel (in Berglagen)
  - Folge von langanhaltendem, kaltem Regen
  - Folge von kaltem Staunässe im Wurzelbereich (→ auch *Dulcamara, Pulsatilla, Silicea*)
  - Pilzerkrankungen durch kalt-nebliges Wetter (gut in Berglagen)
  - Pilzerkrankungen durch Wärme und Hitzeschaden

Wühlmaus D 6 (Wühlmausasche)

Wühlmäuse kommen periodisch in manchen Jahren gehäuft vor und richten immense Schäden an. Es ist außerordentlich schwierig, sie aus dem Garten zu vertreiben. Man muss genau wissen, welches Loch gerade von der Maus begangen wird, was nicht immer einfach zu erkennen ist. Und besonders Rosenwurzeln scheinen zu ihren Leckerbissen zu gehören.

- **Schädlinge:**
  - Wühlmäuse
  - 10 ml auf ca. 5 l Wasser, direkt in ein begangenes Wühlmausloch gießen

Zincum metallicum (metallisches Zink)

- **Allgemeine Wirkung:** wirkt aufbauend und kräftigend, bei kraftlosen, kümmerlichen Rosen
  - Mangelerscheinungen: Phosphormangel
  - Mangelerscheinungen: Zinkmangel
- **Konstitutionelle Merkmale:** Zugluftempfindlichkeit
- **Witterungsbedingte Schäden:**
  - Folgen von Kälteeinbruch
  - Folgen nach lange anhaltender Kälte

7. Anhang

I Literaturverzeichnis

Bücher

Barlage A. Robuste Rosen für jeden Garten. Österreichischer Agrarverlag Wien, 2010

Bauer U, Grothe B. Quickfinder Rosen. Gräfe & Unzer, München, 2010

Böttner J. Gartenbuch für Anfänger. Druck G Baensch, jun., Magdeburg (um 1920)

Brickell C. DuMont's Große Garten-Enzyklopädie. Du Mont, Köln, 1998

Haenchen E. Die richtigen Rosen für meinen Garten. Ulmer., 2002

Körner S, Scarman J. Rosen für die Sinne. Gräfe & Unzer, München, 2004

Markley R. Rosen für jeden. BLV, München, 2010

Maute C. Homöopathie für Pflanzen. 6. Ausg. Narayana Verlag GmbH, Kandern, 2012

Rau H. Rosen. Gräfe & Unzer, München, 2006

Stangl M. Mein Hobby, der Garten. BLV, München, 2010

Crockett JW. Rosen. Time Life Bücher, Amsterdam, 1982

Woessner D. Rosenkrankheiten und Schädlinge. Ulmer, Stuttgart, 2007

Woessner D. Das Schneiden der Rosen. Ulmer, Stuttgart, 2007

Zeitschriften

Kraut & Rüben, Deutscher Landwirtschaftsverlag GmbH, München

Land-Idee, LandIdeeverlag GmbH, München-Ismaning

Land-Lust, Landwirtschaftsverlag GmbH, Münster

Liebes Land, Hannes Scholten-Verlag GmbH & Co. KG, Stuttgart

II Bezugsquellen und Forum

Rosen

David Austin Roses
Tel.: 0 08 00/77 77 67 37
Internet: www.davidaustinroses.com

W. Kordes' Söhne
Tel.: 0 41 21/4 87 00
Internet: www.kordes-rosen.com

Meilland Richardier
Tel.: 00 33/4 72 38 09 97
Internet: www.meillandrichardier.com

Noack Rosen
Tel.: 0 52 41/ 2 01 87
Internet: www.noack-rosen.de

Rosenhof Schultheis
Tel.: 0 60 32/92 52 80
Internet: www.rosenhof-schultheis.de

Rosen Tantau
Tel.: 0 41 22/70 84
Internet: www.rosen-tantau.com

Rosengärtnerei Kalbus
Tel.: 0 91 87/57 29
Internet: www.rosen-kalbus.e

Ruf Bioland Rosenschule
Tel.: 0 60 32/8 18 94
Internet: www.rosenschule.de

→ www.welt-der-rosen.de

Wir bedanken uns herzlich für die freundliche Unterstützung bei der Bebilderung der Rosenporträts bei Rosenhof Schultheis, Rosengarten Kalbus, Noack Rosen und W. Kordes' Söhne.

Forum

Ein Forum zum Austausch über Erfolge, Misserfolge, Fragen, Erklärungen, Wirkungen, Wünsche bietet der Narayana-Verlag unter → www.homeoplant.de

Homöopathische Garten-Apotheke

Homöopathische Mittelsets für Zimmer-, Balkon- und Gartenpflanzen sowie homöopathische Einzelpräparate für Boden und Pflanzen erhalten Sie bei:

Narayana Verlag GmbH
Blumenplatz 2
D-79400 Kandern
Tel.: +49 7626 974 970-0
E-Mail: info@narayana-verlag.de
www.narayana-verlag.de

Individuelle Pflanzenberatung

Christiane und Cornelia Maute
E-Mail: beratung@christiane-maute.de
www.maute-pflanzenhomöopathie.de

III Abbildungsnachweis

- Abb. 1.1, 1.23, 3.15, 3.46, 3.49, 3.71, 4.32: Agentur Friedrich Strauss
- S. II, Abb. 1.3, 1.16, 1.19, 2.4, 2.5, S. 35, 3.46, 3.58, 3.64, 3.84: istockphotos.com
- Abb. 1.5–1.14, Abb. 3.19, 3.20, 3.22, 3.24, 3.25, 3.28–3.36, 3.79, 3.80, 4.1, 4.6, 4.7, 4.10, 4.13, 4.17, 4.18, 4.20, 4.21, 4,25, 4.33, 5.1, Kapitelbild 1, 4: Christiane und Dieter Maute, Friedrichshafen
- Abb. 1.22, 2.3, 4.3-4.5, 4.8, 4.16, 4.23, 4.26, 4.27, S. 151: gruenekamera
- S. IV, V rechts, VI, VII rechts, VIII, 170, Abb. 2.1, 2.6, 2.8, 5.7, 5.8, Kapitelbild 2, 4, 5, S. 33, S. 161, Bild „Rosentipp“: Andreas Krone
- Abb. 3.12, 3.14, 3.53, 3.56, 3.67: Rosen Schultheis
- Abb. 3.16 © 2013 Noack Rosen
- Abb. 3.17, 3.18, 3.21, 3.51, 3.54, 3.66, 3.72, 3.73, 3.78: Rosen Kordes
- Abb. 3.90, 3.91: Rosengarten Kalbus
- Abb. 5.2–5.6: Schneider-Will
- Abb. 1.2 © BildPix.de - Fotolia
- Abb. 1.4 © abg - Fotolia
- Abb. 1.15 © M. Schuppich - Fotolia
- Abb. 1.17 © wira91 - Fotolia
- Abb. 1.18 © Stefan Körber - Fotolia
- Abb. 1.20 © Sonja Birkelbach - Fotolia.com
- Abb. 1.21 © ARochau - Fotolia.com
- Abb. 2.2, Abb. 2.7 © Creatix - Fotolia.com
- Abb. 2.9, 4.9 © Tatjana Balzer - Fotolia.com
- Abb. 2.10 © cmfotoworks - Fotolia.com
- Abb. 3.38 © fotofund - Fotolia.com
- Abb. 3.57 © ferretcloud - Fotolia.com
- Abb. 3.59 © Bertold Werkmann - Fotolia.com
- Abb. 3.70 © macroart - Fotolia.com
- Abb. 3.83 © emer - Fotolia.com
- Abb. 4.2, 4.12 © andreamazza - Fotolia.com
- Abb. 4.29 © proporcia - Fotolia.com
- Abb. 4.30 © Vera Kuttelvaserova - Fotolia.com
- Abb. 4.34 © sassyphotos - Fotolia.com
- S. 153 © Marina Lohrbach - Fotolia.com
- S. 23 Schmuckbild: Narayana Verlag
- Kapitelbild 3 (von l.o. nach r.u.): Abb. 3.34, © Michael Gäbler - wikipedia, Abb. 3.23, © Kurt Stüber - wikipedia, Maute, © A. Barra - wikipedia, Abb. 3.66, 3.19, 3.48, © Kurt Stüber - wikipedia, Abb. 3.78, Rosen Kordes, Abb. 3.57, © Manfred Heide - wikipedia, Abb. 3.9, Maute, Abb. 3.29, © Huhu Uet - wi-

kipedia, Abb. 3.13
- S. 36, Abb. 3.6 © A. Barra - wikipedia
- Abb. 3.1 © oaudreyjm529 - flickr
- Abb. 3.2 © Kurt Stüber_wikipedia
- Abb. 3.3 © Uli_Germany - flickr
- Abb. 3.5 © Winfried Rusch
- Abb. 3.7 © rhodocallis2007 - flickr
- Abb. 3.8 © Kurt Stüber - wikipedia
- Abb. 3.9 © Rosarian49 - flickr
- Abb. 3.10, 3.41, 3.65, 3.77 © Jamain - wikipedia
- Abb. 3.13, 3.27, 3.37, © Huhu Uet - wikipedia
- Abb. 3.23, 3.60 © Anna reg. - wikipedia
- Abb. 3.39 © mamietherese1 - flickr
- Abb. 3.40 © T. Kiya_foter.com
- Abb. 3.42 © Rexness - flickr
- Abb. 3.43 © Deep Red - wikipedia
- Abb. 3.44 © DeFries - staticflickr
- Abb. 3.45 © Anthony Tesselaar - wikipedia
- Abb. 3.47 © Agel Rosen
- Abb. 3.48 © lockenkopf - slideshine.de
- Abb. 3.50 © Sirpale79
- Abb. 3.61 © T.Kiya - flickr
- Abb. 3.68 © Sarah H. Kirsch
- Abb. 3.74 © Operarius - wikipedia
- Abb. 3.75 © rs-foto - flickr
- Abb. 3.76, 3.89 © Sten Porse - wikipedia
- Abb. 3.81 © Orfano Mondo - flickr
- Abb. 3.85 © Alpsdake - wikipedia
- Abb. 3.86 ©Mia M. - wikipedia
- Abb. 3.87 © Qwert1234 -wikipedia
- Abb. 3.88 © OldMuzzle - wikipedia
- Abb. 4.11 © Klaus Kuttig, Aerzen
- Abb. 4.15 © Mimiry
- Abb. 4.19 © H. Nier
- Abb. 4.24 © Zapyon.t
- Abb. 4.28 © OpenCage - wikipedia
- S. 169 © Jürgen Schoner - wikipedia

IV Arzneimittel-Index

V Stichwortverzeichnis

I

K

L

M

P

R

S

VI Grundausstattung für eine homöopathische Gartenapotheke

Abb. Set enthält alle im Rosenbuch empfohlenen homöopathischen Präparate.

40-er Rosen-Set

mit allen im Buch empfohlenen homöopathischen Präparaten

- Aconitum C 200*
- Arnica C 200*
- Arsenicum album C 200*
- Belladonna C 200*
- Calcium carbonicum D 6*
- Calendula C 30*
- Camphora C 30*
- Cantharis C 30*
- Carbo vegetabilis C 30*
- Causticum C 30*
- China C 200*
- Cimicifuga C 30*
- Cuprum met. C 30*
- Dulcamara C 30*
- Ferrum phos. C 30
- Gelsemium C 200*
- Helix tosta D 6*
- Ignatia C 30*
- Kalium carbon. D 6
- Kalium carbon. C 30
- Lycopodium C 30*
- Magnesium carbonicum D 6*
- Magnesium phosphoricum D 6*
- Natrium carbonicum C 30*
- Natrium chlorat. (= Natrium muriaticum) C 30*
- Natrium sulphuricum C 30*
- Nux vomica C 30*
- Petroleum C 30*

- Phosphor C 200*
- Psorinum C 200*
- Pulsatilla C 30*
- Rhus toxicodendron C 30*
- Rhus toxicodendron C 200*
- Silicea C 200*
- Staphisagria C 200*
- Sulphur C 200*
- Thuja C 30*
- Thuja C 200*
- Vespa vulgaris C 30
- Zincum C 30*

* Gekennzeichnete Mittel sind im 48-er Maute-Gartenset für Zimmer-, Balkon- und Gartenpflanzen bereits enthalten.

5-er Rosen-Set

- Aconitum C 200
- Belladonna C 200
- Cimicifuga C 30
- Rhus toxicodendron C 30
- Silicea C 200

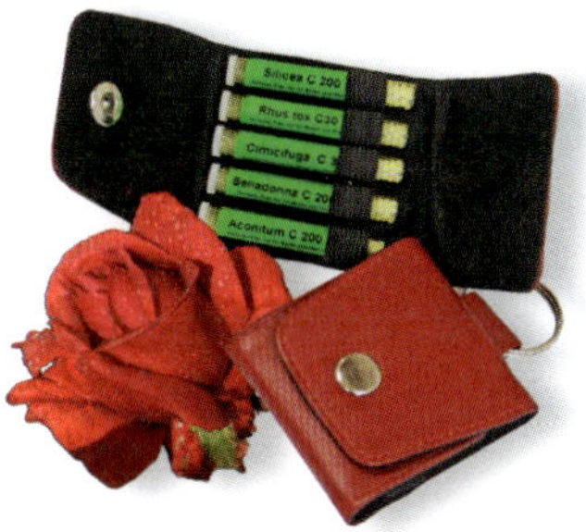

» Hinweis:

Es ist möglich, die homöopathischen Mittel einzeln zu bestellen.
Es gibt außer den Sets für Rosen auch Sets für weitere Pflanzen. Zum Beispiel:

- 9-er Zimmerpflanzen-Set
- 14-er Einsteiger-Set für Zimmer-, Balkon- und Gartenpflanzen
- 30-er oder 48-er Set für Zimmer-, Balkon- und Gartenpflanzen

Sie erhalten mehr Informationen unter **www.homeoplant.de**

Weitere Titel im Narayana Verlag

Christiane Maute

Homöopathie für Pflanzen

Ein praktischer Leitfaden für Zimmer-, Balkon- und Gartenpflanzen

192 Seiten, geb., € 24.-

Homöopathie für Pflanzen ist ein praktischer Ratgeber für Zimmer-, Balkon- und Gartenpflanzen. Das Buch zeigt anhand der gängigsten Pflanzen-Beschwerdebilder die möglichen Wege der Behandlung mit klassisch-homöopathischen Heilmitteln. Einfache, auch für den Laien verständliche Hinweise zur Dosierung, Anwendung und Potenzwahl unterstützen den Anwender in seinem Wunsch, seine Pflanzen auf natürliche Weise in ihrem Heilungsprozess zu unterstützen.

Die meisten Pflanzenkrankheiten sind im Ratgeber Homöopathie für Pflanzen bebildert und werden kurz erklärt, damit man per Blickdiagnose die Erkrankung erkennen und leicht zum richtigen Mittel finden kann. Genau beschrieben sind Dosierung und Art der Anwendung. Ein kurze, übersichtliche Abhandlung zur Arzneimittellehre, inklusive Arzneimittelbeschreibung und Tipps zur Grundausstattung der Gartenapotheke lassen den Ratgeber zum wertvollen und ständigen Begleiter der HobbygärtnerIN werden.

Vaikunthanath Das Kaviraj

Homöopathie für Garten und Landwirtschaft

Die homöopathische Behandlung von Pflanzen

376 Seiten, geb., € 34,-

Eine bahnbrechende Neuerscheinung über die homöopathische Therapie von Pflanzenerkrankungen. Der erfahrene Homöopath Kaviraj beschreibt die homöopathische Therapie der Pflanzenkrankheiten bei Nährstoffmangel, bei Schädlings- und Pilzbefall, bei bakteriellen und viralen Erkrankungen, Verletzungen und auf die homöopathische Unkrautbekämpfung ein. Zahlreiche Abbildungen erleichtern die Diagnose der Krankheiten.

„Homöopathie für Pflanzen eröffnet ein völlig neues und spannendes Forschungsgebiet, welches einen maßgeblichen Gewinn für die Landwirtschaft bedeuten kann. Wer kennt die Grenzen der Homöopathie?" Anne Sheptyck, Kanada

Rosemary Gladstar

Heilkräuter in meinem Garten

240 Seiten, geb., € 19,80

Wirksam, sicher und kostensparend – Heilkräuter lassen sich leicht anbauen und mit ihnen lässt sich der Körper auf natürliche Weise vor alltäglichen Leiden und Beschwerden schützen. Rosemary Gladstar, die „Mutter der modernen Kräuterkunde", bietet eine unterhaltsame Einführung in Anbau und Anwendung von 33 ihrer Lieblingskräuter, inklusive Tipps, wie sich ein Kräuterbeet in den Garten integrieren lässt und einfach umzusetzender Rezepte und Anleitungen für stärkende Tees, beruhigende Salben und Tinkturen, Öle, Sirups und Pillen.

Mit dem Expertenwissen von Rosemary Gladstar kann jeder seine eigenen Kräutermittel für gängige Beschwerden herstellen, wie eine Aloe-Salbe gegen Giftefeu, Löwenzahn-Klettwurzeltinktur bei Verstopfung und Lavendel-Zitronen-Balsamtee zum Stressabbau. Füllen Sie Ihren Arzneischrank mit sicheren, rein natürlichen und kostengünstigen Kräuterpräparaten und erfreuen Sie sich bester Gesundheit!

Deanna Caswell / Daisy Siskins

Der kleine Selbstversorger

Gärtnern und Fertigkeiten für ein Leben als Selbstversorger

260 Seiten, geb., € 19,80

Wer träumt nicht von einem naturverbundenen Leben und davon, sein eigenes Obst und Gemüse anzubauen, zu ernten und selbst zu kleinen und großen Köstlichkeiten zu verarbeiten? Das lässt sich auch ohne große Gartenfläche in die Tat umsetzen. „Der kleine Selbstversorger" präsentiert Schritt für Schritt auf unterhaltsame Weise, wie sich jeder Garten in ein kleines Selbstversorgerparadies verwandeln lässt. Vom Anlegen eines oder mehrerer Beete über die Auswahl von Nutzpflanzen und das richtige Düngen bis hin zum Ernten und Verarbeiten von Selbstangebautem wird alles eingehend erklärt, was das Gärtnerherz höher schlagen lässt.

Zusätzlich wird das richtige Halten von Hühnern, Zwergziegen und Bienen thematisiert und die Herstellung wertvoller kleiner Geschenke, eigener natürlicher Kosmetika und umweltschonender Reinigungsmittel beschrieben.

Dieses Buch steckt voller praktischer Anleitungen, Tipps und Rezepte, mit deren Hilfe jeder die Freuden des Selbstversorgens entdecken kann, ohne gleich aufs Land ziehen zu müssen.

Rosina Sonnenschmidt

Die neue Schüßler- Hausapotheke

36 Mineralsalze für Krankheiten von A-Z

180 Seiten, geb., € 24.-

Schüßler-Salze erfreuen sich ungebrochener Beliebtheit. Jedoch sind wir heute anders krank als früher und brauchen daher auch andere Arzneien. So hat sich auch das Spektrum der Schüßler-Mineralsalze um Substanzen erweitert, die z.T. nur in Spuren in unserem Organismus vorkommen, aber enorm wichtig für die Synergien sind.

Rosina Sonnenschmidt hat die neuen Salze wie Germanium oder Molybdän mit großem Erfolg in die heutige Behandlung eingeführt. Im Handbuch für den Hausgebrauch erläutert sie erstmalig bewährte Rezepturen mit den zwölf alten und den 24 neuen Schüßler-Mineralsalzen. Dabei gibt sie Hilfestellung bei den wichtigsten Beschwerden von A-Z: von Abmagerung, Akne und Asthma über Durchfall, Fettsucht, Haarausfall und Heuschnupfen bis zu Konzentrationsproblemen, Kopf- und Rückenschmerzen, Schwerhörigkeit und Zahnschmerzen. Tipps aus der Naturheilkunde runden die Behandlung ab.

Evelyne Majer-Julian

Homöopathie für die Wechseljahre

Die wichtigsten Beschwerden und ihre homöopathische Behandlung

148 Seiten, geb., € 29.-

Die französische Frauenärztin Dr. Evelyne Majer-Julian praktiziert bereits seit über 40 Jahren und verfügt über große Erfahrung in der homöopathischen Therapie von typischen Beschwerden in der Menopause. Dies umfasst Hitzewallungen, Schweißausbrüche, Gewichtszunahme, sexuelle Beschwerden, Venenerkrankungen, Hautveränderungen, vaginale Trockenheit - auch langfristige Folgen wie Osteoporose, Arteriosklerose und typische Krebserkrankungen.

Außerdem geht die Autorin auf die Hormonersatztherapie ein. Die Therapieempfehlungen sind sehr detailliert und gehen weit über die üblichen Polychreste hinaus. Oft empfiehlt die erfahrene Gynäkologin auch die Therapie mit spezifischen homöopathischen Hormonen oder anderen „kleinen" Mitteln. So empfiehlt sie z. B. Badiaga, Angelica sinensis oder homöopathisches Cortison bei Gewichtsproblemen, Radium bromatum, Stillingia und Parathormon bei Osteoporose einschließlich einem klaren Dosierschema.

Rosina Sonnenschmidt

Die Saft-Therapie

Rohsäfte, Smoothies und Latte macchiati

168 Seiten, geb., € 29,50

Dass frisch gepresste Obst- und Gemüsesäfte gesund sind, ist durch viele Bücher belegt. Hier geht es aber um den gezielten therapeutischen Wert und Einsatz frisch gepresster Säfte als Teil einer ganzheitlichen Behandlung.

Interessant ist, um wie viel besser homöopathische Mittel wirken, wenn durch die Obst-Rohsäfte die Reinigung von Blut, Lymphe und Gewebe angeregt wird und wenn durch die Gemüse-Rohsäfte der entkräftete Organismus aufgebaut wird. Außer Rohsäften werden auch Dicksäfte therapeutisch eingesetzt.

Die Rohsaft-Therapie spielt auch eine dominante Rolle bei Gewichtsproblemen, ob Adipositas, Magersucht oder Kachexie. Anhand von häufigen Krankheiten werden Rohsaft-Rezepte vorgestellt und durch spezielle naturheilkundliche Kuren ergänzt.

Das Buch dient sowohl dem ganzheitlich behandelnden Therapeuten für die tägliche Praxis als auch jedem Menschen, der vorbeugend die Heilkraft der Rohsäfte einsetzen möchte, um das Immunsystem stabil zu halten.

Brendan Brazier

Vegan in Topform

Der vegane Ernährungsratgeber für Höchstleistungen in Sport und Alltag – Die Thrive-Diät des berühmten kanadischen Triathleten

352 Seiten, geb., € 26,-

Bereits im Alter von 15 Jahren entschied Brazier sich dazu Profisportler zu werden. Im Laufe seiner Karriere erforschte er minutiös, welche Ernährung seine Leistung und vor allem die Regenerationsphase optimierte. Das Ergebnis ist die legendäre Thrive-Diät. Sie richtet sich nicht nur an Profisportler, sondern an jeden, der optimale Gesundheit und Leistungsfähigkeit erlangen und Krankheiten vorbeugen möchte.

Brendan Brazier hat die vegane Ernährung revolutioniert und achtet dabei auf eine ausgewogene Kost mit ausreichend Proteinen und anderen Nährstoffen. Hier setzt er auch auf Superfood wie die Andenwurzel Maca, die legendäre Alge Chlorella oder das nahrhafte Hanfprotein.

Die Thrive-Diät führt zum Abbau von Körperfett und Aufbau von Muskelmasse, zu Leistungssteigerung, weniger Stress und Heißhunger auf Junkfood, geistiger Klarheit und besserem Schlaf.

Mit 100 veganen, gluten- und sojafreien Rezepten und und einem praktischen 12-Wochen-Plan zum Einstieg in die Thrive-Diät.

Alexander Pollozek/Dominik Behringer

Die zeitlose Ayurveda-Küche

Heilkraft unserer Nahrung

400 Seiten, geb., € 39.-

Kochen wird im Ayurveda als eine ehrenvolle und spirituelle Tätigkeit angesehen und besteht aus der inneren Verbindung mit der Lebensenergie der Nahrungsmittel - der Seelenqualität Prana - und ihrer bewussten Verarbeitung. Dieser wunderbaren Erkenntnis widmen sich auch die beiden Autoren und Ayurveda-Experten, Alexander Pollozek und Dominik Behringer. Ihr Buch „Die zeitlose Ayurveda-Küche" ist wertvoller Wegweiser, unverzichtbares Nachschlagewerk, Therapeutenratgeber, Lektüre und genussvoller Rezeptelieferant zugleich.

„Jeder kann auf der Klaviatur der alten ayurvedischen Kochkunst spielen, sie erlernen, praktizieren und verfeinern", versprechen die beiden Experten. So wird tägliches Kochen mit guten Produkten, frischen Kräutern und feurigen Gewürzen zu einem wichtigen Beitrag der Selbstheilung bzw. Eigentherapie. Auch Vegan-Fans kommen auf ihre Kosten.

Lisa Fabry

Himmlisch vegane Desserts

232 Seiten, geb., € 24,-

Es ist an der Zeit, das Ansehen von Desserts zu retten und den Beweis zu erbringen, dass Desserts schön anzusehen, vollwertig und köstlich sein können. Bei der Umstellung auf eine gesündere, einfühlsamere Lebensweise braucht man nicht die Freude an einem Dessert oder einem Stück Kuchen aufzugeben.

Die Rezepte in diesem Buch – die alle Milch- und Eifrei sind und eine große Auswahl an glutenfreien, zuckerreduzierten oder nussfreien Leckereien umfassen – spenden Energie und muntern auf. Dattelsüßspeise, New Yorker Zitronenkäsetorte, Schoko-Pekannuss-Brownie und Tiramisu sind einige der Vorfreude weckenden Lieblingsrezepte. Die vielen veganen Rezepte stammen aus Cafés und Restaurants rund um den Globus, und manche davon eignen sich besonders als Beitrag zu einem Fest, zum Beispiel die aufsehenerregende Schokoladentorte mit Himbeermousse.

Frische, sorgfältig ausgesuchte Zutaten und liebevolle Hingabe bei der Zubereitung – so wird das Essen zu einer paradiesischen Erfahrung.

Impressum

Christiane Maute

Homöopathie für Rosen

Ein praktischer Leitfaden für die wichtigsten Erkrankungen und Schädlinge
Mit Rosenporträts, Hinweisen zur Dosierung und vielen Tipps rund um die Rose

1. Auflage 2013
2. Auflage 2013
3. Auflage 2015
ISBN 978-3-943309-96-6

Lektorat: Christel Hämmerle, München
Satz: Karin Jerg, Staufen
Coverabbildung © istockphotos.com

Herausgeber:
Narayana Verlag GmbH,
Blumenplatz 2, 79400 Kandern
Tel.: +49 7626 974970-0
E-Mail: info@narayana-verlag.de
www.narayana-verlag.de

Artikel	Gr.	Anzahl	Gesamt
Aconitum C 200			
Anthracinum C 200			
Anthracinum C 1000			
Arnica C 200			
Arsenicum alb. C 200			
Belladonna C 200			
Calcium carb. D 6			
Calendula C 30			
Camphora C 30			
Cantharis C 30			
Carbo veg. C 30			
Carcinosinum C 30			
Causticum C 30			
China C 200			
Cimicifuga C 30			
Cuprum met. C 30			
Dulcamara C 30			
Ferrum phos. C 30			
Gelsemium C 200			
Helix tosta D 6			
Ignatia C 30			
Kalium carb. D 6			
Kalium carb. C 30			
Kalium iodatum C 30			
Kalium phos. D 6			
Kalium phos. C 30			
Lycopodium C 30			
Magnesium carb. D 6			
Magnesium chlor. D 6			
Magnesium phos. D 6			
Natrium carb. C 30			
Natrium chlor. C 30			
Natrium sulph. C 30			

Artikel	Gr.	Anzahl	Gesamt
Nux vomica C 30			
Petroleum C 30			
Phosphor C 200			
Psorinum C 200			
Psorinum C 1000			
Pulsatilla C 30			
Rhus tox. C 30			
Rhus tox. C 200			
Silicea C 200			
Solidago C 30			
Staphisagria C 200			
Sulphur C 200			
Sulphur. acid. C 30			
Sulphur. iod. C 30			
Thuja C 30			
Thuja C 200			
Vespa vulgaris C 30			
X-Ray C 30			
Zincum C 30			
Gesamtbetrag			

Gr.	Menge	D 6 / C 30	C 200	C 1000
1	1,3g	3,20€	4,80€	6,80€
2	5g	4,50€	6,80€	9,80€
3	10g	5,90€	8,90€	12,80€
4	30g	13,50€	17,50€	24,80€
5	50g	18,90€	21,80€	32,80€
6	100g	24,80€	32,80€	45,90€

Die Einzelmittel sind in folgenden Globuli-Gebinde-Größen erhältlich. Bitte tragen Sie die Nummer der gewünschten Größe oben in der Tabelle unter Gr. ein. Die Preise entnehmen Sie der Tabelle oberhalb.

Artikel	Einzel Preis €	Best. Nr.	Anzahl	Preis €
Gesamtbetrag, Übertrag von vorheriger Seite				
14er Rosen-Set in Kunstleder-Mäppchen, 1,3 g Globuli	35,-	18459		
40er Rosen-Set im Lederetui, 1,3g Globuli	85,-	14401		
9er Zimmerpflanzen-Set im Alu-Etui, 1,3g Globuli	28,-	11061		
14er Einsteigerset im Lederetui, 1,3g Globuli	39,80	11062		
30er Grundsortiment Im Lederetui, 1,3g Globuli	69,-	10258		
30er Grundsortiment im Holzkästchen, 5g Globuli	98,-	10256		
* 48er Komplettsortiment im Lederetui, 1,3g Globuli	98,-	10259		
* 48er Komplettsortiment im Holzkästchen, 5g Globuli	138,-	10257		
Buch Homöopathie für Pflanzen	24,-	09372		
Buch Homöopathie für Rosen	29,-	13520		
* 48er Sets enthalten alle Mittel des 40er Rosen-Sets außer Ferr. phos C 30, Kalium carb. D 6+C 30 sowie Vespa vulgaris C 30				
Innerhalb Deutschlands pro Bestellung € 1,80 Versandkosten. Ab einem Auftragswert von € 30.- portofreier Versand.				
Gesamtbetrag				

Möchten Sie unseren wöchentlichen Newsletter erhalten? ❑ Ja ❑ Nein

Vorname/Name: Kundennr.:

Strasse/Nr.:

PLZ: Ort: Land:

Telefon: Email:

❑ Bankeinzug ❑ Rechnung ❑ per Nachnahme

Bank:

BLZ:

Konto:

❑ Mastercard ❑ Visa Gültig bis:

Kartennr.: Prüfziffern:

Datum: Unterschrift:

Weitere Mittel und Erfahrungsberichte unter www.homeoplant.de

Narayana Verlag • Blumenplatz 2 • D-79400 Kandern
info@narayana-verlag.de
Telefon +49 7626 974970-0 • Fax +49 7626 974970-9

Jürgen Sigwart